Foundations of Time Series Analysis and State Space Models
Theory and Applications with R and Stan

時系列分析と状態空間モデルの基礎
RとStanで学ぶ理論と実装

馬場 真哉
Baba Shinya

プレアデス出版

まえがき

　この本は、初学者のために書かれた時系列分析の入門書です。
　パラメタ推定など技術的な面は一部省略されている代わりに、時系列データの構造や、様々な時系列モデルの特徴、ライブラリを用いた分析の手順や、結果の解釈の仕方に紙数を割きました。
　Box-Jenkins法と状態空間モデルを共に学べるのも大きな特徴です。初めて学ぶ方でも、古典的な内容からステップアップするため無理なく学べるはずです。

　ビッグデータという言葉が代表するように、とても多くのデータが分析に使われるようになりました。しかし、どれほど多くのデータを持っていても、決して手に入らないデータがあります。
　それは未来のデータです。
　100テラバイトの売り上げデータを持っていても、高頻度証券データを取得したとしても、1ミリ秒先の未来のデータは、私たちの手元にありません。
　まだ手に入っていない未来のデータについて言及することが予測であり、時系列分析は、予測を行う強力なツールです。そして、状態空間モデルは、現代の時系列分析の事実上の標準ともいえるフレームワークです。
　この本では「R」や「Stan」といった無料のソフトウェアを用いて、時系列データを効率的に分析する方法も説明します。

　統計学は、無から有を生み出す錬金術ではありません。
　常に予測ができるわけではなく、どうしても予測の出しようがないこともあります。また、時系列データ特有の問題として、素朴な回帰分析などを適用すると、誤った考察を導いてしまうこともあります。
　時系列データを分析する際の注意点、逆に、時系列データだからこそ持っている情報を利用する方法。両者をバランスよく学び、時系列データを有効活用してください。

　統計学は便利な道具です。統計学を教える書籍も便利な道具であるべきです。
　本書が皆さんにとって、有用なツールとなることを願います。

本書の構成

この本の難易度

この本では、時系列分析のアイデアを伝えることに注力しました。統計学にそれほど詳しくなくても最後まで読めるように配慮されています。数式の量も、この分野の標準教科書と比べるとかなり抑えられているはずです。

しかし、時系列分析は統計学の応用編ともいえる分野です。推定や検定、回帰分析や最小二乗法といった言葉をある程度知っている、という方がこの本を読まれると良いでしょう。

この本の読み方

節のタイトルにアスタリスク（*）がついているものは、テクニカルな話題となるため初学者が読むのはやや難しい可能性があります。

アスタリスクの有無にかかわらず、少し難しいかなと思った個所は（数式も含めて）どんどん飛ばしていき、自分がわかる部分だけをかいつまんで読むというのも、良いやり方だと思います。特に数式は、必ずその解釈を日本語で書くようにしているので、たとえ飛ばしたとしてもある程度は理解できるはずです。

また、理論の説明をした後でソフトを使って実装するという説明の仕方で統一されています。難しいと感じた理論は軽く読み流したうえで、自分で実装しながら都度読み返すという進め方をとることもできます。

計算のためのソフトウェアはすべて無料で手に入れることができます。ソースコードは著者のWebサイト（https://logics-of-blue.com/）から無料でダウンロードできます。

この本の構成

本書は6部構成となっています。目次をかなり詳細に書いてあるため、自分が今どこにいるのか、次に何を学ぶのかがわかるようになっています。

「第1部 時系列分析の考え方」では、時系列分析とは何かという基本から説明をします。

特に時系列データの構造、時系列モデルという考え方を理解してください。後

ほど学ぶ分析手法のほぼすべてで必要とされる考え方です

「第2部 Box-Jenkins法とその周辺」ではARIMAモデルと呼ばれる古典的な時系列モデルを中心とした分析の方法を説明します。
　Box-Jenkins法は比較的古い手法とはいえ現代でも十分に実用的です。
　また、Box-Jenkins法は時系列分析の基礎を学ぶ格好の教材ともいえます。定常性や和分過程といった時系列データ特有の考え方に加え、モデル選択や残差のチェック、予測精度の評価といった分析における一般的な流れを学ぶことができるからです。ここまでを読了できれば、時系列分析の基本的な用語や考え方が身についているはずです。

「第3部 時系列分析のその他のトピック」は、独立した3つの章で構成されています。
　1つは時系列データに対して回帰分析を適用した際の問題点「見せかけの回帰」について。
　2つ目は多変量時系列データの分析手法としてのVARモデルについて。
　3つ目は分散不均一なデータへの分析手法としてARCH・GARCHモデルを解説します。

「第4部 状態空間モデルとは何か」でこの本のメインテーマの1つである状態空間モデルの導入をします。

「第5部 状態空間モデルとカルマンフィルタ」では、カルマンフィルタを用いて、線形ガウス状態空間モデルを推定します。カルマンフィルタや散漫カルマンフィルタ、平滑化などの考え方と計算方法を解説します。
　(散漫)カルマンフィルタと平滑化に関しては、ローカルレベルモデルと呼ばれる単純なモデルを例に挙げて、ライブラリを使わずに自分の手で実装します。基礎を学んだ後、現実に近い問題を、ライブラリを用いて分析していきます。

「第6部 状態空間モデルとベイズ推論」では、MCMCを用いて非ガウシアン・非線形のモデルを構築します。ベイズ推論の基礎から、一般化状態空間モデルの実装方法までを解説します。

目次

まえがき i
本書の構成 ii
第 1 部　　時系列分析の考え方 17
  1 章　　時系列分析の基礎 18
    1－1　　推測統計学の考え方 18
    1－2　　時系列データとは 18
    1－3　　時系列データをどのように取り扱うべきか 19
    1－4　　母集団と確率分布・標本と確率変数 20
    1－5　　データ生成過程(DGP)の考え方 20
    1－6　　DGP と時系列モデル 21
  2 章　　時系列データの構造 23
    2－1　　自己相関とコレログラム 23
    2－2　　季節成分・周期成分 23
    2－3　　トレンド 24
    2－4　　外因性 24
    2－5　　ホワイトノイズ 25
    2－6　　時系列データの構造 25
  3 章　　数式による時系列データの表記方法 26
    3－1　　データの表記方法 26
    3－2　　確率変数の表記方法 26
    3－3　　期待値・分散 27
    3－4　　自己共分散・自己相関 27
    3－5　　偏自己相関 28
    3－6　　ホワイトノイズ 30
    3－7　　独立で同一の分布に従う系列：iid 系列 30

| | 3－8 | ランダムウォークと確率的トレンド .... 31 |

第2部　Box-Jenkins法とその周辺 32

1章　Box-Jenkins法というフレームワーク 33
- 1－1　Box-Jenkins法における分析の手順 33
- 1－2　この本における説明の手順 33
- 1－3　Box-Jenkins法のメリット・デメリット 34

2章　定常過程とデータの変換 35
- 2－1　分析しやすいデータの特性：定常性 35
- 2－2　定常過程が分析しやすいデータである理由 36
- 2－3　優秀なモデル：ARMAモデル 37
- 2－4　分析しにくいデータ：非定常過程 37
- 2－5　差分系列と単位根・和分過程 37
- 2－6　対数差分系列とその解釈 39
- 2－7　対数変換とその解釈 39
- 2－8　季節階差 40
- 2－9　定常過程と非定常過程のデータ例 41

3章　ARIMAモデル 42
- 3－1　自己回帰モデル(ARモデル) 42
- 3－2　予測と条件付期待値 43
- 3－3　ARモデルと条件付確率分布とデータ生成過程 43
- 3－4　ARモデルとホワイトノイズ・ランダムウォーク 44
- 3－5　移動平均モデル(MAモデル) 45
- 3－6　ARモデル・MAモデルのコレログラム 46
- 3－7　ARモデルとMAモデルの関係* 49
- 3－8　ARモデルの定常条件* 50
- 3－9　MAモデルの反転可能性* 50

3−10	自己回帰移動平均モデル(ARMA)	51
3−11	自己回帰和分移動平均モデル(ARIMA)	52

4章　ARIMAモデルの拡張 54
- 4−1　季節性ARIMAモデル(SARIMA) 54
- 4−2　ラグ演算子によるSARIMAモデルの数理的表現* 55
- 4−3　外生変数付きARIMAモデル(ARIMAX) 57
- 4−4　まとめ：ARIMAと時系列の構造 58

5章　モデルの同定と評価の考え方 59
- 5−1　モデルの同定 59
- 5−2　パラメタの推定 59
- 5−3　ARMA次数の決定：モデル選択 60
- 5−4　尤度と対数尤度・最尤法・最大化対数尤度 61
- 5−5　モデル選択とAIC 61
- 5−6　予測と当てはめ 62
- 5−7　なぜAICを使うのか 63
- 5−8　差分をとるか判断する：単位根検定 63
- 5−9　単位根検定：KPSS検定 64
- 5−10　単位根検定：ADF検定 65
- 5−11　評価：モデルの定常性・反転可能性のチェック* 66
- 5−12　自動ARIMA次数決定アルゴリズム 67
- 5−13　評価：残差の自己相関のテスト 67
- 5−14　評価：残差の正規性のテスト 68
- 5−15　テストデータによる予測精度の評価 69
- 5−16　ナイーブ予測との比較 70

6章　Rによる時系列データの取り扱い 72
- 6−1　Rのインストール 72

6－2	RStudio のインストール	73
6－3	RStudio の簡単な使い方	73
6－4	四則演算	74
6－5	変数	75
6－6	関数とヘルプ	76
6－7	ベクトル	77
6－8	行列	78
6－9	データフレーム	80
6－10	リスト	82
6－11	パッケージのインストール	84
6－12	時系列データ ts 型	85
6－13	拡張された時系列データ xts 型	88
6－14	ファイルからのデータ取り込み	90
6－15	グラフ描画	92
6－16	単位根検定	94
7 章	R による ARIMA モデル	95
7－1	この章で使うパッケージ	95
7－2	分析の対象	95
7－3	対数変換	96
7－4	差分系列の作成方法	97
7－5	季節成分の取り扱い	99
7－6	自己相関とコレログラム	101
7－7	訓練データとテストデータに分ける	102
7－8	ARIMA モデルの推定	103
7－9	補足：差分系列と ARIMA の次数の関係	104
7－10	自動モデル選択 auto.arima 関数	106

	7-11	定常性・反転可能性のチェック*	108
	7-12	残差のチェック	109
	7-13	ARIMAによる予測	111
	7-14	ナイーブ予測	113
	7-15	予測の評価	113
	7-16	発展：非定常過程系列への分析	115
第3部		時系列分析のその他のトピック	117
1章		見せかけの回帰とその対策	118
	1-1	この章で使うパッケージ	118
	1-2	ホワイトノイズへの回帰分析	118
	1-3	単位根のあるデータ同士の回帰分析	120
	1-4	定常AR過程への回帰分析	123
	1-5	残差の自己相関と見せかけの回帰	125
	1-6	Durbin-Watson検定	125
	1-7	シミュレーションによる見せかけの回帰	127
	1-8	見せかけの回帰を防ぐ方法	130
	1-9	単位根検定	131
	1-10	一般化最小二乗法：GLS	132
	1-11	RによるPrais-Winsten法	134
	1-12	パッケージを使ったGLS	136
	1-13	差分系列への回帰分析	137
	1-14	共和分	138
	1-15	共和分検定	141
2章		VARモデル	144
	2-1	VARモデルの使い時	144
	2-2	VARモデルの構造	145

	2－3	Granger 因果性検定	146
	2－4	インパルス応答関数	147
	2－5	この章で使うパッケージ	147
	2－6	分析の対象	148
	2－7	R による VAR モデル	151
	2－8	VAR モデルによる予測	155
	2－9	R による Granger 因果性検定	156
	2－10	R によるインパルス応答関数	158
3 章		ARCH・GARCH モデルとその周辺	161
	3－1	なぜ分散の大きさをモデル化したいのか	161
	3－2	自己回帰条件付き分散不均一モデル(ARCH)	161
	3－3	一般化 ARCH モデル(GARCH)	163
	3－4	GARCH モデルの拡張	164
	3－5	この章で使うパッケージ	165
	3－6	シミュレーションによるデータの作成	165
	3－7	fGarch パッケージによる GARCH モデル	169
	3－8	rugarch パッケージによる GARCH モデル	169
	3－9	ARMA-GARCH モデルの作成	170
	3－10	R による GJR モデル	175
第 4 部		状態空間モデルとは何か	178
1 章		状態空間モデルとは何か	179
	1－1	状態空間モデルとは何か	179
	1－2	状態空間モデルのメリット・デメリット	180
2 章		状態空間モデルの学び方	181
	2－1	状態空間モデルを学ぶとは、何を学ぶことか	181
	2－2	データの表現とパラメタ推定は分けて理解する	182

2−3	データの表現：状態方程式・観測方程式	183
2−4	パラメタ推定：その分類	183
2−5	パラメタ推定：カルマンフィルタと最尤法	183
2−6	パラメタ推定：ベイズ推論と HMC 法	184

第 5 部　状態空間モデルとカルマンフィルタ 186

1 章　線形ガウス状態空間モデルとカルマンフィルタ 187

1−1	表現：状態方程式・観測方程式	187
1−2	状態推定：予測とフィルタリング	187
1−3	状態推定：平滑化	188
1−4	パラメタ推定：最尤法	189
1−5	線形ガウス状態空間モデルを推定する流れ	190

2 章　表現：状態方程式・観測方程式による表現技法 191

2−1	線形回帰モデルと状態方程式・観測方程式	191
2−2	自己回帰モデルと状態方程式・観測方程式	192
2−3	ローカルレベルモデル	193
2−4	この章で扱う具体例	193
2−5	ローカルレベルモデルと線形回帰モデルの比較	193
2−6	ローカルレベルモデルによる予測	195
2−7	ローカルレベルモデルと ARIMA モデルの関係	195
2−8	ローカル線形トレンドモデル	196
2−9	ローカル線形トレンドモデルと線形回帰の比較	197
2−10	ローカル線形トレンドモデルによる予測	198
2−11	行列による線形ガウス状態空間モデルの表現*	198
2−12	補足：トレンドモデル	199
2−13	周期的変動のモデル化	200
2−14	基本構造時系列モデル	201

2-15	外生変数と時変係数モデル ... 202

3章　状態推定：カルマンフィルタ ... 204

3-1	カルマンフィルタとカルマンゲイン ... 204
3-2	カルマンゲインの求め方 ... 205
3-3	日本語で読むカルマンフィルタ ... 205
3-4	数式で見るカルマンフィルタ ... 207

4章　状態推定：散漫カルマンフィルタ ... 209

4-1	状態の初期値の問題 ... 209
4-2	散漫初期化という解決策 ... 210
4-3	日本語で読む散漫カルマンフィルタ ... 210
4-4	数式で見る散漫カルマンフィルタ ... 211
4-5	初期値がもたらす影響 ... 212
4-6	過程誤差・観測誤差の分散がもたらす影響 ... 213

5章　状態推定：平滑化 ... 214

5-1	平滑化の考え方 ... 214
5-2	日本語で読む平滑化 ... 214
5-3	数式で見る平滑化 ... 215
5-4	フィルタ化推定量と平滑化状態の比較 ... 218

6章　パラメタ推定：最尤法 ... 219

6-1	ローカルレベルモデルで推定するパラメタの種類 ... 219
6-2	パラメタ推定の原理 ... 219
6-3	カルマンフィルタと対数尤度 ... 220
6-4	散漫カルマンフィルタと散漫対数尤度 ... 221
6-5	数式で見る対数尤度と散漫対数尤度 ... 221

7章　実装：Rによる状態空間モデル ... 223

7-1	この章で使うパッケージ ... 223

7−2	分析の対象	223
7−3	Rで実装するカルマンフィルタ：関数を作る	224
7−4	Rで実装するカルマンフィルタ：状態を推定する	226
7−5	Rで実装するカルマンフィルタの対数尤度	228
7−6	Rで実装する最尤法	229
7−7	Rで実装する平滑化：関数を作る	231
7−8	Rで実装する平滑化：状態を推定する	232
7−9	dlmによるカルマンフィルタ	233
7−10	dlmによる対数尤度の計算	234
7−11	dlmによる平滑化	234
7−12	参考：dlmの使い方	235
7−13	Rで実装する散漫カルマンフィルタ	237
7−14	Rで実装する散漫対数尤度	239
7−15	KFASによる散漫カルマンフィルタ	240
7−16	KFASによる散漫対数尤度の計算	240
7−17	dlmとKFASの比較とKFASの優位性	241
8章	実装：KFASの使い方	242
8−1	この章で使うパッケージ	242
8−2	分析の対象となるデータ	242
8−3	KFASによる線形ガウス状態空間モデルの推定	242
8−4	推定結果の図示	246
8−5	KFASによる状態の推定と信頼・予測区間	247
8−6	KFASによる予測	248
8−7	補足：ローカルレベルモデルにおける予測	250
8−8	補足：補間と予測の関係	252
9章	実装：変化するトレンドのモデル化	254

	9－1	この章で使うパッケージ	254
	9－2	トレンドと観測値の関係	254
	9－3	シミュレーションデータの作成	256
	9－4	KFASによるローカル線形トレンドモデル	258
	9－5	補足：モデルの行列表現*	259
	9－6	トレンドの図示	260
	9－7	補間と予測	262
	9－8	ローカル線形トレンドモデルによる予測の考え方	262
	9－9	補間と予測結果の図示	263
	9－10	ARIMAによる予測結果との比較	264
10章		応用：広告の効果はどれだけ持続するか	266
	10－1	この章で使うパッケージ	266
	10－2	シミュレーションデータの作成	266
	10－3	KFASによる時変係数モデル	268
	10－4	変化する広告効果の図示	269
11章		応用：周期性のある日単位データの分析	271
	11－1	この章で使うパッケージ	271
	11－2	データの読み込みと整形	271
	11－3	祝日の取り扱い	272
	11－4	KFASによる基本構造時系列モデル	274
	11－5	推定結果の確認	275
	11－6	推定結果の図示	276
	11－7	周期成分を取り除く	278
	11－8	季節調整のメリット	279
第6部		状態空間モデルとベイズ推論	280
1章		一般化状態空間モデルとベイズ推論	281

- 1−1 一般化状態空間モデル 281
- 1−2 非ガウシアンな観測データ 281
- 1−3 非線形な状態の更新式 281
- 1−4 複雑なモデルの推定方法 282
- 1−5 補足：HMC 法とカルマンフィルタの比較 283
- 2 章 パラメタと状態の推定：ベイズ推論と HMC 法 284
  - 2−1 説明の進め方 284
  - 2−2 ベイズの定理と事前確率・事後確率の関係 285
  - 2−3 ベイズ更新 286
  - 2−4 ベイズの定理 287
  - 2−5 事前分布と事後分布 288
  - 2−6 補足：確率の基本公式 288
  - 2−7 確率密度と確率と積分 290
  - 2−8 点推定値としての EAP 推定量 291
  - 2−9 統計モデルと階層的な確率分布 291
  - 2−10 無情報事前分布 292
  - 2−11 事後分布の計算例* 293
  - 2−12 積分が困難という問題 294
  - 2−13 パラメタ推定と乱数生成アルゴリズムの関係 295
  - 2−14 乱数生成で取り組む問題 296
  - 2−15 乱数生成：メトロポリス法 296
  - 2−16 メトロポリス法の問題点 297
  - 2−17 効率の良い乱数生成：HMC 法 298
  - 2−18 用語：MCMC 300
- 3 章 実装：Stan の使い方 301
  - 3−1 Stan のインストール 301

3－2	この章で使うパッケージ	302
3－3	シミュレーションデータの作成	302
3－4	stanファイルの記述	304
3－5	dataブロックの指定	304
3－6	parametersブロックの指定	305
3－7	modelブロックの指定	306
3－8	データ生成過程(DGP)とStanの関係	307
3－9	Stanによるローカルレベルモデルの推定	307
3－10	結果の出力と収束の判定	310
3－11	収束をよくするための調整	311
3－12	ベクトル化による効率的な実装	313
3－13	乱数として得られた多数のパラメタの取り扱い	314
3－14	推定結果の図示	316
4章	応用：複雑な観測方程式を持つモデル	318
4－1	この章で使うパッケージ	318
4－2	テーマ①最適な捕獲頭数を求めたい	318
4－3	データの特徴	319
4－4	モデルの構造を決める	320
4－5	ポアソン分布＋ランダムエフェクト	321
4－6	stanファイルの記述	322
4－7	dataブロックの指定	323
4－8	parametersブロックの指定	323
4－9	transformed parametersブロックの指定	324
4－10	modelブロックの指定	324
4－11	generated quantitiesブロックの指定	325
4－12	stanによるモデルの推定	326

- 4-13　推定されたパラメタの確認 327
- 4-14　平滑化された個体数の図示 327
- 4-15　検討事項 329
- 5章　応用：非線形な状態方程式を持つモデル 330
  - 5-1　この章で使うパッケージ 330
  - 5-2　テーマ②密度効果をモデル化する 330
  - 5-3　データの特徴 331
  - 5-4　ロジスティック増殖曲線 332
  - 5-5　弱情報事前分布 333
  - 5-6　data ブロックの指定 334
  - 5-7　parameters ブロックの指定 335
  - 5-8　transformed parameters ブロックの指定 335
  - 5-9　model ブロックの指定 335
  - 5-10　generated quantities ブロックの指定 336
  - 5-11　stan によるモデルの推定 337
  - 5-12　推定されたパラメタの確認 338
  - 5-13　平滑化された個体数の図示 339
  - 5-14　Stan で推定できる様々なモデルたち 340

参考文献 342

パッケージ・R 関数一覧 344

索引 348

第1部　時系列分析の考え方

　まずは、時系列データの特徴と時系列分析の考え方を解説します。

　時系列データがもつ特徴、そして時系列データだからこそ生じる問題とその解決策を学びます。

1章　時系列分析の基礎

時系列分析とは何をするものか、という基本を解説します。

基本的なデータ分析の枠組みと変わらない部分、そして時系列分析特有の考え方を学びます。

1-1　推測統計学の考え方

推測統計学では「標本から母集団を推定する」という言い方をします。

日本人の平均身長が知りたかったとしても、日本人全員の身長を測定するのには無理がありますね。

なので、ちょっと少ないですが、100人とか200人とかをサンプリングして標本とし、その標本から日本人全員という母集団について議論します。

サンプリングされた100人の平均身長が160cmだったとしましょう。すると「日本人全員の平均身長も160cmではないか」と推定できます。

また標本の身長が、130cm〜190cmと大きくばらつく、すなわち、データの分散が大きかったとします。そうしたら、推定された平均身長もある程度ばらつきそうです。

そんなばらつきを加味して95%信頼区間などを求める、ということをした経験があるのではないでしょうか。

手持ちのデータ、すなわち標本から期待値や分散といった統計量を計算し、まだ手に入れていないデータについて言及する。

これがいわゆる推測統計学の考え方でした。

1-2　時系列データとは

時系列分析は、文字通り時系列データを取り扱う分析手法のことです。

時系列データは、例えば、神戸市の毎日の気温の推移であったり、毎年観測されるアザラシの個体数の推移であったり、飲食店の毎月の売上金額の推移であったりします。日、あるいは月や年、時・分・秒など一定の間隔で取られた、一連

のデータを時系列データと呼びます。
　一方、時系列データでないデータを、区別するためにトランザクションデータと呼びます。

　この章では、主に日単位のデータを対象として議論を進めていきますが、特に断りがない限り、これは月単位データなどほかの単位のデータでも同じように考えることができます。
　また、このことを明示的に示すため、この本では、「1時点前」といったように「◯時点」という表現をしばしば使います。
　「1時点前」ならば、時系列の単位によって「1日前」になったり「1月前」になったり「1年前」になったりします。

1-3　時系列データをどのように取り扱うべきか

　時系列データには大きな特徴があります。
　それは「一日のデータ」は、「一日に一回しか手に入らない」ということです。
　例えば、2000年1月1日という日は、この世界に1つしかありません。かけがえのない一日である2000年1月1日の神戸市の気温というデータが、私たちの手元にあったとしましょう。これが標本です。

　標本は手元にありますね。
　では、標本から母集団を推定しましょう。
　ここで、大きな問題にぶつかります。
　この場合の母集団とは、いったいなにものでしょうか。

　もしも、2000年1月1日という日が無数にあったならば、「無数に存在する2000年1月1日の神戸市の気温」が母集団となります。
　仮に母平均を推定しようと思ったら「無数に存在する2000年1月1日」という日の気温の平均を、「手元にあるたった一つの2000年1月1日」から推定しなければなりません。
　これが、時系列データの持つ難しさです。

1-4　母集団と確率分布・標本と確率変数

　母集団という存在は大変に扱いづらいです。そもそもこの母集団が一体何者かを想像することすら難しい。

　ですが、推測統計学は、強力な武器を私たちに残してくれました。それが確率分布と確率変数という考え方です。

　確率変数とは、確率的に変化する値です。
　サイコロの例を挙げましょう。
　6分の1の確率で、三の目が出てきますね。出てくる目が確率的に変わるので、これは確率変数です。

　確率分布とは、データが出てくる確率の一覧です。
　いかさまでないサイコロの場合は、以下のようになります。

確率変数 {1,　 2,　 3,　 4,　 5,　 6}
確率分布 {1/6, 1/6, 1/6, 1/6, 1/6, 1/6}

　推測統計学では、以下のように考えます。

- 標本とは確率変数である。
- 母集団として、ある特定の確率分布を想定する

　サイコロの場合は {1/6, 1/6, 1/6, 1/6, 1/6, 1/6} こそが母集団の確率分布です。標本は、この母集団の確率分布に従って得られると考えます。

1-5　データ生成過程(DGP)の考え方

　データ生成過程(Data Generation Process：DGP)とは、時間に従って変化する確率分布のことです。確率過程、あるいは単に過程とも呼ばれます。

　神戸の気温は、何らかの確率分布に従って得られるのだと考えます。

2000年1月1日の気温の確率分布は以下のようだったとします。

気温(℃)　{1,　　2,　　3,　　4,　　5,　　6}
確率分布　{1/6,　1/6,　1/6,　1/6,　1/6,　1/6}

データ生成過程がわかっていれば、2000年1月1日の気温の期待値は簡単に計算できます。3.5℃ですね。
もちろん分散も計算できます。

次に、翌日2000年1月2日の気温も、やはり何らかの確率分布に従って得られていると考えます。
ただし、確率分布が若干変わります。

気温(℃)　{1,　　2,　　3,　　4,　　5,　　6}
確率分布　{1/4,　1/6,　1/6,　1/6,　1/6,　1/12}

寒くなる確率が増えました。

私たちの手元には、2000年1月1日の気温が一つだけ、2000年1月2日という日の気温もたった一つがあるのみです。
そのデータを「本来ならばあり得た」確率変数の一つの実現値だとみなします。次にサイコロを投げる機会がもしあれば、きっと異なる目が出るだろうと考えるのと同様に"もしも今日という日が複数あれば"次には異なる気温が得られたかもしれないと想定するわけです。
データ生成過程からデータが得られたと仮定して、たった一つしかないデータから理論的な期待値や分散を求めます。

1-6　DGPと時系列モデル

データ生成過程がわかっていれば、期待値や分散が計算できるだけでなく、未来を予測することもできるでしょう。
次に取り組むのは、データ生成過程をどのようにして推定するのかという問題

です。

　何の情報もないままにデータ生成過程を推定するのは難しいですが、現実のデータには、多くの場合何らかの構造があると想定できます。

　例えば気温の場合、冬になると気温が下がり、夏になると上がるだろうと予想されます。
　また、昨日が寒ければ翌日も寒くなりそうです。言い換えると、昨日の気温と今日の気温が似ていると予想されます。
　また、地球温暖化により、徐々に気温が上がっていくというトレンドがあるかもしれません。

　こういったデータ生成過程の構造をモデル化します。データ生成過程の構造のことを時系列モデルと呼びます。
　時系列分析の大きな目的の一つは、この時系列モデルをデータから推定することです。
　時系列モデルが推定できればデータ生成過程がわかり、データの理論的な期待値や分散を計算することができます。季節の影響やトレンドの有無などを判断することもできるでしょう。
　また、時系列分析の大きな目的の一つである将来予測を行うツールとしても、時系列モデルは大きな役割を果たします。

2章　時系列データの構造

時系列モデルを作成するためには、時系列データの構造を知ることが第一です。この章では、典型的な時系列データが持つ構造を解説します。

2-1　自己相関とコレログラム

時系列データの特徴は、データに前後の関係があることです。

自己相関とは、過去と未来の相関をとったものです。
正の自己相関があれば「昨日の気温が高ければ今日も高い」ということになり、逆に負の自己相関があれば「昨日の気温が高ければ今日は低い」ということになります。
自己相関の様子がわかれば、モデルの特定に役立つだけでなく、自己相関という情報を使って未来を予測することもできるでしょう。単純な話、昨日の気温と正の自己相関という情報があるのならば「昨日の気温が高かったので今日も高いだろう」と予測を出せます。

また、どれくらい離れた時期と相関があるかということも重要です。
1時点前と相関があるのか、7時点前と相関があるのか、あるいは365時点前と相関があるのか。これも考えながらモデルを構築します。
何時点前と強い自己相関があるのかを調べるために、自己相関をグラフにすることがよくあります。このグラフをコレログラムと呼びます。

2-2　季節成分・周期成分

例えば、ひと月に一回だけデータをとった時系列データがあったとします。毎月の平均気温データなどを想像してください。
このとき12か月前のデータと強い正の相関があったとしましょう。
これはもちろん自己相関として片付けてしまうのも一つの手ですが、より明確に「毎年周期的に変動している」とみなしてモデルを作るほうがベターです。
夏ならば気温が高く、冬になると気温が下がるというのは容易に想像がつきま

すよね。
　年単位の周期性は「季節成分」あるいは「季節性」と呼ばれます。

　1日単位のデータでは、曜日によっても周期的にデータが変化することがあります。例えばおもちゃ屋さんの毎日の売り上げは、おそらく平日よりも休日に高くなるでしょう。
　こういった「データが持っているかもしれない周期成分」は積極的にモデルに組み込んでいきます。

　同じ自己相関であっても「昨日と今日がよく似ている」という特徴と「毎週土曜日に売り上げが高くなる」という特徴は明確に分けてモデルを構築するほうが好ましいといえます。
　このほうが、分析結果を意思決定に活用しやすくなるからです。
　例えば毎週土曜日によく売れるというデータの構造がわかったならば、予測を出すまでもなく、金曜日に商品をたくさん仕入れるという行動をとることができます。また、平日の顧客数を増やすための施策を打つことが必要だという認識を共有することもできるでしょう。
　単に予測モデルを構築するだけでなく「データの特徴をモデルで明確に表現する」ことができた方が、応用の幅が広がるということは覚えておいてください。

2-3　トレンド

　例えば商品の売れ行きが好調で、毎月売り上げが右肩上がりで増えていったとします。このような状態を「正のトレンドがある」と呼ぶこともあります。
　毎月20万円ずつ売り上げが増えるトレンドがあれば、「来月の売り上げ＝今月の売り上げ＋20万円」で予測できますね。

2-4　外因性

　近くでイベントがあったので、飲み物が多く売れた、といったように、外部の要因が影響を与えることもあります。これを外因性と呼びます。
　データの自己相関だけでは表すことのできない振る舞いを説明することがで

2-5　ホワイトノイズ

　ホワイトノイズは「未来を予測する情報がほとんど含まれていない、純粋な雑音」だと考えるとわかりよいです。

　ホワイトノイズが満たす要件は「期待値が 0 であり、分散が一定であり、自己相関が 0 である」ということです。

　平均 0、分散 σ^2 の正規分布に従うホワイトノイズがしばしば仮定されます。

　正規分布を仮定する理由には様々ありますが、モデル化の容易さがまずはあげられます。

　また、対数変換をするなどの処理によって、正規分布にデータを近づけることができることもあります。

2-6　時系列データの構造

　時系列データの構造は、対象となるデータによって変わりますが、大きく以下の要素に分解して説明することができます。

$$
\begin{aligned}
\text{時系列データ} =\ &\text{短期の自己相関} \\
&+ \text{周期的変動} \\
&+ \text{トレンド} \\
&+ \text{外因性} \\
&+ \text{ホワイトノイズ}
\end{aligned}
$$

　もちろん、これらの要素が常にすべて入っているわけではなく、周期的変動がないデータや長期のトレンドがないデータなどもあります。

　どの要素をどういう形式でモデルに組み込むかは、データ分析者の腕の見せ所といえるでしょう。

3章　数式による時系列データの表記方法

　今までは意識的に数式をまったく載せてきませんでしたが、数式による表現無しで時系列分析を学ぶことは困難です。
　この章では、数式による表現の方法を説明します。

　この本に数式を用いた証明はほとんど出てきません。式展開などの技術は、この本を読むにあたってはそれほど必要とされません。
　まずは「数式の読み方」を学んでください。長い目で見ても、きっと役に立つはずです。

3-1　データの表記方法

　ある時点 t におけるデータを y_t と表記します。添え字「t」は time の t です。一時点前のデータを y_{t-1} と表記します。k 時点前のデータならば y_{t-k} です。

　1〜T 時点までの時系列データは、まとめて以下のように表記します。

$$Y_T = \{y_t\}_{t=1}^{T} = \{y_1, y_2, ..., y_T\} \tag{1-1}$$

　データと区別するため、ホワイトノイズに代表される「誤差」に関しては、ε_t などと表記することがあります。

3-2　確率変数の表記方法

　得られたデータは確率変数の実現値として取り扱います。

　例えば、t 時点のデータが、期待値 μ、分散 σ^2 の正規分布に従う場合は、以下のように表記します。なお「〜」はチルダと読みます。

$$y_t \sim N(\mu, \sigma^2) \tag{1-2}$$

3-3 期待値・分散

t 時点におけるデータの期待値を以下のように表記します。

$$\mu_t = \mathrm{E}(y_t) \tag{1-3}$$

E( )は、期待値をとる関数です。

例えば、2000年1月1日の神戸市の気温のデータがy_tなのだとしましょう。ここにおけるμ_tは「2000年1月1日がもしも無数にあったとしたら、平均的にμ_tとなる」ことを表しています。

ここはよく勘違いされるので注意してください。1週間の平均気温などとは意味合いが異なります。

同様に、t 時点のデータの分散は以下のように表記します。

$$\mathrm{Var}(y_t) = \mathrm{E}[(y_t - \mu_t)^2] \tag{1-4}$$

分散とは「データが期待値からどれほど離れていると期待できるか」を表したものですので、期待値の関数 E( )を使って、このように表記されます。

なお、分散の平方根をとったものを標準偏差と呼びます。
標準偏差は、ファイナンスの分野で「ボラティリティ」とも呼ばれます。

3-4 自己共分散・自己相関

次は異なる時点のデータとの関係を表す統計量を見ていきます。

まずは自己共分散です。1時点前との自己共分散は「1次の自己共分散」と呼び、以下のように表記します。

$$\gamma_{1t} = \mathrm{Cov}(y_t, y_{t-1}) = \mathrm{E}[(y_t - \mu_t)(y_{t-1} - \mu_{t-1})] \tag{1-5}$$

1次の自己共分散がプラスになっていれば「t 時点のデータが期待値よりも大きかったとしたら、t-1 時点も同じように期待値よりも大きな値になりやすい、と期待できる」と解釈できます。逆も同じです。

k 次の自己共分散は以下のようになります。

$$\gamma_{kt} = \text{Cov}(y_t, y_{t-k}) = \mathrm{E}[(y_t - \mu_t)(y_{t-k} - \mu_{t-k})] \tag{1-6}$$

自己共分散を使うと、「t 時点のデータが大きければ、t-k 時点のデータも大きくなるか」が判別できるわけです。

しかし、自己共分散の最小値・最大値はデータによって異なります。様々なデータで共分散を比較することには問題があります。

そこで、共分散の最小値を-1、最大値を+1 に標準化した指標が使われます。

これを自己相関と呼びます。k 次の自己相関は以下のようになります。

$$\rho_{kt} = \text{Corr}(y_t, y_{t-k}) = \frac{\text{Cov}(y_t, y_{t-k})}{\sqrt{\text{Var}(y_t)\text{Var}(y_{t-k})}} \tag{1-7}$$

自己相関が 1 に近ければ「t 時点が大きな値であれば t-k 時点も大きくなる」と分かります。自己相関が-1 に近ければその逆となります。

k=0、すなわち同じ時刻同士で自己相関をとった場合、自己相関は必ず 1 となります。

自己相関を k の関数とみなしたものを自己相関関数と呼びます。

k をどんどん変えていって、自己相関の変化をグラフに表したものをコレログラムと呼びます。

3-5　偏自己相関

2 時点前との自己相関を確認したかったとします。正の自己相関がみられたとしましょう。しかし、その自己相関は、本当に 2 時点前との関係を表しているのでしょうか。

例えば 1 時点前と以下の関係があったとしましょう。

$$y_t = 0.8 y_{t-1} \tag{1-8}$$

同様に、以下の関係が成り立ちます。

$$y_{t-1} = 0.8 y_{t-2} \tag{1-9}$$

よって、y_t は y_{t-2} を使って表現することができます。

3−5 偏自己相関

$$y_t = 0.8(0.8y_{t-2}) \tag{1-10}$$

これでは「本来は1時点前と関係があるだけなのに関わらず、2時点前と関係があるように見えてしまう」ことになります。

そこで、1時点前との関係性を排除したうえで、2時点前との自己相関を計算したいというニーズが出てくるわけです。これを達成するものを偏自己相関と呼びます。

偏自己相関の計算の考え方を説明します。

まずは、1時点前と現在時点との関係を式で表します。

$$\hat{y}_t = \alpha y_{t-1} \tag{1-11}$$

ハット記号（^）は推定量であることを示しています。係数αは$E[(y_t - \hat{y}_t)^2]$を最小とするように選びます。

ここで$y_t - \hat{y}_t$とすると「1時点前のデータから表現することができなかった残り」が計算できることに注目してください。

同様に、y_{t-2}もy_{t-1}との関係式で表します。

$$\hat{y}_{t-2} = \beta y_{t-1} \tag{1-12}$$

2時点前との偏自己相関は以下のように計算できます。「1時点前のデータから表現することができなかった残り」同士で相関をとるため、1時点前のデータの影響を排除できました。

$$P_{t2} = \frac{\text{Cov}(y_t - \hat{y}_t, y_{t-2} - \hat{y}_{t-2})}{\sqrt{\text{Var}(y_t - \hat{y}_t)\text{Var}(y_{t-2} - \hat{y}_{t-2})}} \tag{1-13}$$

一般的にk次の偏自己相関は以下のように定式化できます。

$$P_{tk} = \frac{\text{Cov}(y_t - \hat{y}_t, y_{t-k} - \hat{y}_{t-k})}{\sqrt{\text{Var}(y_t - \hat{y}_t)\text{Var}(y_{t-k} - \hat{y}_{t-k})}} \tag{1-14}$$

なお、k次の偏自己相関はt-(k-1)時点までの影響が取り除かれた自己相関として解釈できます。

この定義上（補正する必要がないため）1次の自己相関と1次の偏自己相関はまったく同じ値になることに注意してください。

なお、実際の計算はダービンのアルゴリズムといった、より効率的な計算手法が使われるのが普通です。詳細は田中(2008)なども参照してください。

3-6　ホワイトノイズ

t時点のホワイトノイズをε_tと置くと、ε_tは以下の条件を満たします。

$$E(\varepsilon_t) = 0 \tag{1-15}$$

$$\mathrm{Cov}(\varepsilon_t, \varepsilon_{t-k}) = \begin{cases} \sigma^2, k = 0 \\ 0\ \ , k \neq 0 \end{cases} \tag{1-16}$$

この条件を平たく言うと、「期待値が0であり、分散が一定であり、（同時刻以外の）自己相関が0である」ということになります。$k=0$の時の共分散は、分散と等しくなることに注意してください。

ホワイトノイズは「未来を予測する情報がほとんど含まれていない、純粋な雑音」だと考えるとわかりよいです。

ε_tがホワイトノイズに従っていることを明示的に示す場合、以下のように表記します。

$$\varepsilon_t \sim \mathrm{W.N.}(\sigma^2) \tag{1-17}$$

実用面では平均0、分散σ^2の正規分布に従うホワイトノイズがしばしば仮定されます。これは以下のように表記します。

$$\varepsilon_t \sim N(0, \sigma^2) \tag{1-18}$$

3-7　独立で同一の分布に従う系列：iid 系列

より強く「データが独立」であることを条件に置いたものを iid(independent and identically distributed)系列と呼びます。相関は線形な関係しか扱うことができませ

ん。そのため、独立のほうがより強い仮定である（満たされる条件が厳しい仮定である）といえます。

平均μ、分散σ^2のiidに従うことを$y_t \sim iid(\mu, \sigma^2)$と表記することもあります。平均0、分散$\sigma^2$の正規分布に従うホワイトノイズはiid系列です。

3-8 ランダムウォークと確率的トレンド

ランダムウォークはiid系列の累積和からなる確率過程です。
例えば以下のようなものがあります。

$$y_t = y_{t-1} + \varepsilon_t, \qquad \varepsilon_t \sim N(0, \sigma^2) \tag{1-19}$$

0時点のデータを$y_0 = 0$と置くと、以下のように計算されます。

$$\begin{aligned} y_1 &= \varepsilon_1 \\ y_2 &= \varepsilon_1 + \varepsilon_2 \\ y_3 &= \varepsilon_1 + \varepsilon_2 + \varepsilon_3 \\ &\vdots \end{aligned} \tag{1-20}$$

これは、正規分布に従うホワイトノイズε_tの累積和であるとみなすことができます。

ドリフト率δのランダムウォークは以下のように表記されます(この本ではドリフト率0のランダムウォークは単にランダムウォークと呼ぶことにします)。

$$y_t = \delta + y_{t-1} + \varepsilon_t, \qquad \varepsilon_t \sim N(0, \sigma^2) \tag{1-21}$$

「$y_t = \delta + y_{t-1}$」だけですと、時点ごとにδだけ値が増える確定的な線形トレンドを表現できます。例えばひと月ごとの売り上げデータで$\delta = 20$なのだとしたら、毎月売り上げは20万円ずつ増えるという線形トレンドを表現できることになります。

一方の「$y_t = \varepsilon_t + y_{t-1}, \varepsilon_t \sim N(0, \sigma^2)$」だけ見ると、線形トレンドの増減量が確率的に変化しているとみなすことができます。こちらは確率的トレンドと呼ばれます。

このためランダムウォークは確率的トレンドとも呼ばれます。

第2部　Box-Jenkins 法とその周辺

　ここからは、時系列データを実際にモデル化する手順を解説します。
　まずは時系列分析のやや古典的な手法である Box-Jenkins（ボックス-ジェンキンス）法を通して、時系列分析の考え方、分析の枠組みを学びます。

　Box-Jenkins 法は、古典的な手法とはいえ、現在でもその功績は色あせません。様々なデータに対して適用可能ですし、予測精度も高く、現代においても十分に実用的な枠組みです。
　また、Box-Jenkins 法は、過去に編み出された「時系列データをどのように分析すればよいか」という知恵と工夫の集積ともいえるでしょう。単に Box-Jenkins 法を学ぶというだけでなく、より広く、時系列データの取り扱いとモデル化の考え方全般を学ぶようにしてください。

　各章の内容は以下の通りです。
　1 章：全体像の説明
　2 章：データの変換方法
　3 章：ARIMA モデルの解説
　4 章：ARIMA モデルの発展形の解説
　5 章：モデルの同定・評価の手順
　6 章：R 言語の基礎
　7 章：R を用いた Box-Jenkins 法による分析

1章　Box-Jenkins 法というフレームワーク

Box-Jenkins 法は、特定の分析手法や時系列モデルというよりかはむしろ「分析のフレームワーク」と呼ぶ方が自然です。

ここでは Box-Jenkins 法の全体像を簡単に説明します。

1-1　Box-Jenkins 法における分析の手順

Box-Jenkins 法は時系列データを効率的に分析するためのフレームワークです。以下の手順に沿って分析を進めていきます。

Step1：データを分析しやすくなるように変換する
　　　　勘所1：分析しやすい定常過程の特徴を学ぶ　　　　(2章)
　　　　勘所2：データを定常過程に変換する方法を学ぶ　　(2章)
Step2：データに ARIMA モデルやそれに準ずるモデルを適用する
　　　　勘所1：ARIMA モデルやその発展形の仕組みを学ぶ　(3, 4章)
　　　　勘所2：モデルの同定の手順を学ぶ　　　　　　　　(5章)
Step3：推定されたモデルを評価する
　　　　勘所1：モデルの適合性の評価の方法を学ぶ　　　　(5章)
Step4：推定されたモデルを用いて予測する
　　　　勘所1：モデルの予測精度の評価の方法を学ぶ　　　(5章)

1-2　この本における説明の手順

この本では、Box-Jenkins 法を Step1 から順を追って解説していきます。

2章でデータの変換の方法と定常・非定常過程の解説をします。非定常過程の代表である単位根といった概念を学ぶことが重要です。

3章で ARIMA モデルを導入します。4章で ARIMA モデルの拡張として、季節性のある SARIMA モデルと、外生変数付きの ARIMAX モデルを紹介します。

ARIMAやそれに準ずるモデルは、内部のパラメタの数を変えることによって、その挙動を大きく変えることができます。いくつのパラメタからARIMAを構成するかを決める作業を、モデルの同定と呼びます。

モデルの同定や予測は、モデルの評価と切り離して考えることは難しいので、5章でまとめて説明します。

6章ではR言語を用いた時系列データの取り扱い方を学びます。
7章でいよいよBox-Jenkins法を実際のデータに適用します。

1-3　Box-Jenkins法のメリット・デメリット

Box-Jenkins法はやや古典的な分析手法です。

古典的な手法が現代まで残っているということは、それなりにメリットもあるということです。本書後半で解説する状態空間モデルなど比較的新しい枠組みとの対比の意味も込めて、Box-Jenkins法のメリット・デメリットを説明します。

メリット
- 分析のための手順・ルールが整備されており、自動化しやすい

デメリット
- ルールに縛られた分析となり、自由な分析はしにくい
- ARIMAモデルの解釈がやや困難

ルールに従えば比較的容易に分析結果が得られるのがBox-Jenkins法。より自由で人間の直感を反映できるモデリングを可能としたものが状態空間モデルだと思えば良いでしょう。

状況に応じて使い分けてください。

2章　定常過程とデータの変換

Box-Jenkins 法の最初のステップに当たる、データの変換方法を説明します。
手順だけでなく、理由も理解したうえで、データを変換するようにしてください。

2-1　分析しやすいデータの特性：定常性

第1部でも説明したように、時系列データはかなり特殊でして、分析をするのにも多くの工夫が必要となります。

しかし、あんまり難しいことはしたくありませんね。そこで、身もふたもない話ですが「分析しやすいデータ」だけを対象にします。

この「分析しやすいデータ」が持つ特性を定常性と呼びます。

なお、厳密には弱定常性と強定常性とがありますが、この本ではすべて弱定常性を対象とします。今後「定常」という言葉が出てくれば、断りがない限りそれは弱定常であることを意味します。

定常性をもつデータ系列を定常時系列などと呼びます。
また「データが定常過程に従う」という呼び方をするときもあります。

定常過程は、任意の t, k に対して、以下が成立します。

$$E(y_t) = \mu \tag{2-1}$$

$$\mathrm{Cov}(y_t, y_{t-k}) = \mathrm{E}[(y_t - \mu)(y_{t-k} - \mu)] = \gamma_k \tag{2-2}$$

期待値は時点によらず一定です。右肩上がりのトレンドなどはありません。
自己共分散（もちろん自己相関も）は、時点によらず、時間差のみに依存します。$k=0$ のときの共分散が分散と等しくなることから、分散の値も時点によらず一定となることにも注目してください。

定常過程とは、平たく言うと、データの水準やばらつき、自己相関の関係が時

点によらず一定であるデータだといえます。

例えば、2000年1月1日と2日の気温の自己相関と、2010年3月4日と5日の気温の自己相関の強さは同じになります。ともに「1日の差」しかないデータですので、相関関係も同じということです。

なお、ホワイトノイズは期待値が常に0であり、自己相関も常に0で一定であるため、定常過程であるといえます。

2-2　定常過程が分析しやすいデータである理由

第1部では、「無数に存在する2000年1月1日」という日の気温の特徴を、「手元にあるたった一つの2000年1月1日」から推測しなければならないと説明しました。

しかし、定常を仮定すると分析が一気に楽になります。

N時点だけデータがある（サンプルサイズがN）定常時系列に対しては、データの期待値や分散・自己共分散・自己相関の推定量は以下のように計算できます。$k=0$のときの共分散は分散とみなせることに注意してください。

$$
\begin{aligned}
\text{標本平均}\quad &: \hat{\mu} = \frac{1}{N}\sum_{t=1}^{N} y_t \\
\text{標本自己共分散}\quad &: \hat{\gamma}_k = \frac{1}{N}\sum_{t=1+k}^{N} (y_t - \hat{\mu})(y_{t-k} - \hat{\mu}) \\
\text{標本自己相関}\quad &: \hat{\rho}_k = \frac{\hat{\gamma}_k}{\hat{\gamma}_0}
\end{aligned}
\tag{2-3}
$$

ハット記号（^）は推定量であることを示しています。手持ちの標本から推定された統計量ですので、名称も「標本平均」などと頭に「標本」を付けるのがルールです。ただし、本書では明らかに判別ができる場合には、明示的には示しません。

期待値や分散が時点によって変化しないわけですから、単に複数時点のデータの平均値や分散をとれば（例えば1か月間の平均気温などをとれば）、それがそのまま「特定の時点の期待値や分散の推定量」とみなすことができます。

2-3　優秀なモデル：ARMA モデル

扱いやすそうな性質を持った定常過程ですが、定常過程を使う強い理由の一つにARMAモデルという時系列モデルの存在があります。

ARMAモデルは優秀なモデルでして、特に定常過程を相手にする場合は、データに対してとても高い説明能力を持ちます。

2-4　分析しにくいデータ：非定常過程

世の中の時系列データがすべて定常過程であればよいのですが、残念ながらそうはいきません。定常過程に従わないデータを非定常と呼びます。

例えば右肩上がりのトレンドがあるデータですと、もうだめです。期待値が時間によって変化する（この場合は期待値が増えていく）ため、これは非定常なデータとなってしまいます。

定常時系列と異なり、一定期間のデータの期待値や分散をそのまま計算しても、その結果の解釈が難しいことに注意してください。

2-5　差分系列と単位根・和分過程

非定常なデータであれば、残念ながらARMAモデルをそのまま適用することはできません。しかし、データの変換をすると、非定常なデータでも定常になることがしばしばあります。

代表的な変換として、データの差分をとることがあげられます。
差分をとったデータを差分系列と呼び、以下のように表記します。

$$\Delta y_t = y_t - y_{t-1} \qquad (2\text{-}4)$$

一切の変換が為されていないデータは、区別するために原系列と呼ばれます。
なお、上記のように1度だけ差分をとったものは1階差分と呼ばれます。差分系列に対してもう一度差分をとったものは2階差分と呼ばれます（「階」という

漢字は誤植ではありません)。

　原系列が非定常過程であり、差分系列が定常過程である時、その過程を単位根過程と呼びます。
　また、d-1階差分をとった系列が非定常過程であり、d階差分をとった系列が定常過程となる場合は、それをd次和分過程と呼び、I(d)と書きます。
　この定義で行くと、単位根過程は1次和分過程であり、最初から定常であったデータはI(0)過程に従っているとみなせます。

　このように、原系列が非定常過程であっても差分をとることにより定常過程に変換することができます。
　例えばトレンドがある原系列を対象としましょう。

$$y_t = t\delta + \varepsilon_t, \quad \varepsilon_t \sim N(0, \sigma^2) \qquad (2\text{-}5)$$

毎時点δだけ値が増えていくようなデータです。これの1階差分系列は以下のようになります。

$$\begin{aligned}\Delta y_t &= y_t - y_{t-1} \\ &= t\delta + \varepsilon_t - (t-1)\delta - \varepsilon_{t-1} \\ &= \delta\ + \varepsilon_t - \varepsilon_{t-1}\end{aligned} \qquad (2\text{-}6)$$

差分系列はδという一定の値にホワイトノイズが足された値をとっていることがわかります。ホワイトノイズは定常過程ですので、ホワイトノイズ＋定数も定常過程であるといえます。差分をとることで定常過程になりました。

　また、ランダムウォーク過程は非定常過程であることが知られています。
　しかし、ランダムウォーク過程はホワイトノイズの累積和です。逆に言えば、原系列がランダムウォーク過程に従うデータの差分系列は、ホワイトノイズになります。すなわち、定常過程になるということです。

　差分をとるという作業は、時系列データに対して有効となることが多く、差分系列に対してARMAモデルを適用すれば、うまくモデル化ができそうです。
　d次和分過程のことをI(d)と書くことから、差分系列へARMAモデルを推定したものは、真ん中にIを入れてARIMAモデルと呼ばれます。

2-6 対数差分系列とその解釈

対数をとってから差分することもよくあります。これを対数差分系列と呼びます。対数の底は自然対数の底 e がよく使われます。数式の上では省略します。

$$\Delta \log y_t = \log y_t - \log y_{t-1} \tag{2-7}$$

証明は省きますが、対数差分系列は近似的に「変化率」であるとみなすことができます。

$$\Delta \log y_t \approx \frac{y_t - y_{t-1}}{y_{t-1}} \tag{2-8}$$

後に説明するように、対数変換は、データを分析するにあたって便利な性質を持つこともしばしばあります。対数差分もその解釈がしやすいですのでよく使われます。

2-7 対数変換とその解釈

原系列に対数をとったものを対数系列と呼びます。
対数をとることで、データが扱いやすくなることがあります。

例えば次の図は 1960〜1986 年の英国のガス消費量なのですが、変換無しのデータでは、振れ幅が少しずつ増えていっています。
このデータに対して対数変換をしたものは、データのばらつきがほぼ一定になっていることがわかります。

また、対数変換をすると、足し算が掛け算に変わります。
時系列の構造を以下のように考えたとしましょう。

　　　　時系列データ＝周期的変動＋トレンド＋ホワイトノイズ

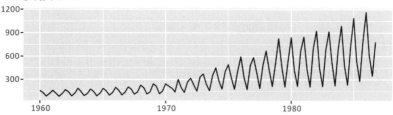

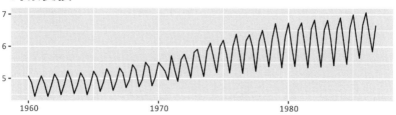

このデータを対数変換します。

$$\log 時系列データ = \log 周期的変動 + \log トレンド + \log ホワイトノイズ$$

この式は、以下のように掛け算で解釈することになります。

$$\log 時系列データ = \log(周期的変動 \times トレンド \times ホワイトノイズ)$$

対数差分系列に関しても同じですが、対数をとると、構築されたモデルの解釈まで変わってきます。

2-8　季節階差

少し変わった階差のとり方として、季節階差を紹介します。季節階差をとることで、季節の影響をある程度は取り除くことができます。

季節階差は「前年同期との差」です。月単位のデータであれば「去年の1月と今年の1月の差」「去年の2月と今年の2月との差」……をとっていった系列が季節階差となります。

対数変換後のデータに対する季節階差は「前年同期比」の近似になっていることは、対数差分系列と同じです。

2-9　定常過程と非定常過程のデータ例

定常過程と非定常過程のデータ例として、ホワイトノイズとランダムウォーク過程のデータの挙動を確認します。

次のグラフを見ると、定常過程に従うデータは、ほぼ一定の範囲内にデータが収まっていることがわかります。一方の非定常系列では、大きな山や谷が見られ、データが緩やかに上昇や下降をしていることがわかります。

95%予測区間も同時に示されています。将来のデータはおおよそこの範囲に入ると思ってもらえれば結構です。

非定常過程ですと、予測区間が徐々に広がっていくことに注目してください。非定常過程は平均値に戻ってくる保証がないため、長期になるほど予測がしにくくなります。

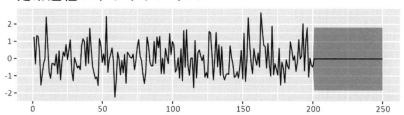

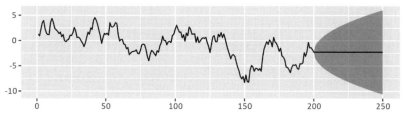

3章　ARIMA モデル

Box-Jenkins 法の中核をなす時系列モデルである ARIMA モデルの説明をします。

ARIMA モデルは AR モデル・MA モデル、そして d 次和分過程 I(d) が合わさったものとして解釈できます。

モデルを組み合わせることで、時系列データの自己相関を柔軟に表現することができます。

各々のモデルの解釈、そして ARIMA モデルの特徴と、ARIMA モデルを使うべき理由を学んでください。

なお、モデルの定常条件や反転可能性などの議論は、少々テクニカルですので、最初に読んだ時わからなければ、そのまま飛ばしてもらって結構です。

3-1　自己回帰モデル(AR モデル)

まずは自己回帰モデル(AutoRegressive model：AR モデル)から説明します。
1 次の自己回帰モデルは AR(1)と表記され、以下のように定式化されます。

$$y_t = c + \phi_1 y_{t-1} + \varepsilon_t \qquad \varepsilon_t \sim N(0, \sigma^2) \qquad (2\text{-}9)$$

なお、この式の c を定数項、ϕ_1 を係数と呼びます。

通常の回帰分析ですと、例えば「$y = a + bx$」のように別の変数を使って、予測モデルを作成します。

自己回帰モデルですと、名前の通り「過去の自分のデータ」を説明変数として回帰モデルを作成します。

重回帰分析のように、説明変数を増やすことも可能です。p 時点前までのデータを使う自己回帰モデルを AR(p) と表記します。

$$y_t = c + \sum_{i=1}^{p} \phi_i y_{t-i} + \varepsilon_t \qquad \varepsilon_t \sim N(0, \sigma^2) \qquad (2\text{-}10)$$

3−2　予測と条件付期待値

Box-Jenkins 法では、定常過程に対して AR モデルなどを適用します。

定常過程は時点によらず期待値が一定であるという特徴がありました。しかし、これは前時点の値がわからなかったときのことです。

前の時点における値がわかっている場合は、例えば「t-1 時点が 0.6 という値だったという条件における、t 時点の期待値」を求めることができます。これを条件付期待値と呼びます。条件付期待値は、前の時点の値によって変化します。

例えば、以下のような AR モデルでデータを表現できたとします。

$$y_t = 0.5 + 0.7 y_{t-1} + \varepsilon_t \qquad \varepsilon_t \sim N(0, 4) \qquad (2\text{-}11)$$

t-1 時点がわかっているという条件での、t 時点の条件付期待値は以下のように計算できます。カッコの中の縦棒の右側は条件を表します。

$$E(y_t | y_{t-1}) = 0.5 + 0.7 y_{t-1} \qquad (2\text{-}12)$$

ノイズ ε_t の期待値は 0 なので無視できることに注意してください。

t-1 時点が 0.6 ならば、t 時点の条件付期待値は 0.5＋0.7×0.6＝0.92 となります。

t 時点の値がいくつになるか予測せよといわれれば、0.92 になると期待できると答えればよいことになります。

3−3　AR モデルと条件付確率分布とデータ生成過程

データ生成過程が AR(1) 過程であるとわかったのだとしましょう。

データ生成過程とは「時間によって変化する確率分布」のことでした。この形式で AR モデルを見直してみます。

(2-11)式のように AR モデルが定式化されたとしましょう。そのうえで、t-1 時点の値がわかっていたとします。

このとき、条件付確率分布 $p(y_t | y_{t-1})$ は以下のようにあらわされます。

$$p(y_t|y_{t-1}) \sim N(0.5 + 0.7y_{t-1}, 4) \quad (2\text{-}13)$$

これは期待値が $0.5+0.7y_{t-1}$ である正規分布ですね。

このように、前の時点の値が決まると次の時点の確率分布が変わる、という流れが脈々と続いていきます。これが「データが AR(1) 過程に従っている」と考えた時のデータ生成過程です。

データが AR(1) 過程に従っていることは、明示的に、以下のように表記することもあります。

$$y_t \sim AR(1) \quad (2\text{-}14)$$

これから先、様々なモデルが出てきますが、時系列モデルとデータ生成過程の対応を忘れないようにしてください。

手持ちのデータは AR(1) 過程というデータ生成過程に従っているのだという信念があって、これでモデル化をしているわけです。

3-4 AR モデルとホワイトノイズ・ランダムウォーク

AR(1) 過程において、係数 $\phi_1 = 0$ の時、ホワイトノイズとなります (計算の簡単のため、定数項は 0 とします)。

$$y_t = \varepsilon_t \qquad \varepsilon_t \sim N(0, \sigma^2) \quad (2\text{-}15)$$

AR(1) 過程において、係数 $\phi_1 = 1$ の時、ランダムウォークとなります。

$$y_t = y_{t-1} + \varepsilon_t \qquad \varepsilon_t \sim N(0, \sigma^2) \quad (2\text{-}16)$$

係数 $\phi_1 < 1$ の時は、過去のデータは時間が進むにつれてその影響が 0 に近くなります。例えば $\phi_1 = 0.1$ ならば、y_{t-2} が y_t に与える影響は以下のようになります。

$$y_t = 0.1 y_{t-1} + \varepsilon_t = 0.1(0.1 y_{t-2} + \varepsilon_{t-1}) + \varepsilon_t \quad (2\text{-}17)$$

y_{t-2} にかかる係数は $0.1 \times 0.1 = 0.01$ です。時点が離れれば離れるほど、過去のデータにかかる係数はゼロに近くなり、事実上無視できる大きさとなります。

$\phi_1 \geq 1$ の場合は、どれほど過去にさかのぼったデータであっても、その影響がゼロになることは決してありません。

係数 $\phi_1 = 1$ すなわちランダムウォークはちょうどこの境目です。係数 ϕ_1 が 1 未満か否かという違いはとても重要となります。

3-5　移動平均モデル(MA モデル)

ARMA モデルを構成するもう一つのモデルが移動平均モデル(Moving Average model：MA モデル)です。

移動平均モデルは、時系列データの自己相関を表現するモデルの一つです。

移動平均モデルでは「同じ値を使う」ことによって自己相関を表現します。

移動平均モデルの前に、移動平均という考え方を説明します。

例えば {3,4,2,9,4,5} という数列があったとしましょう。これに対して 3 区間移動平均をしてみます。

$$\left\{\frac{3+4+2}{3}, \frac{4+2+9}{3}, \frac{2+9+4}{3}, \frac{9+4+5}{3}\right\}$$
$$= \{3, 5, 5, 6\}$$

3 地点移動平均ならば、データを 3 つずつずらしながら平均値を計算していきます。

ここで、移動平均の計算過程を見てみます。

4 番目の移動平均結果	6	=	<u>9 + 4 + 5</u>	÷3
3 番目の移動平均結果	5	=	2 + <u>9 + 4</u>	÷3
2 番目の移動平均結果	5	=	4 + 2 + <u>9</u>	÷3
1 番目の移動平均結果	3	=	3 + 4 + 2	÷3

下線を引いた部分に注目してください。4 番目の結果に使用されているデータ

が2番目3番目の移動平均結果にも用いられていることが分かります。

同じ数字が使われている⇒似ている⇒相関があるということになります。

3次の移動平均モデルはMA(3)と表記されます。

$$y_t = \mu + \varepsilon_t + \theta_1 \varepsilon_{t-1} + \theta_2 \varepsilon_{t-2} + \theta_3 \varepsilon_{t-3} \quad \varepsilon_t \sim N(0, \sigma^2) \quad (2\text{-}18)$$

ε_tは文字通りの「ノイズ」にすぎません。大きな値をとったり、マイナスの値をとったり、てんでバラバラに動きます。しかし、MA(3)だと「過去3時点分のノイズ」を使っているため、「過去3時点と似ている」ことになります。

なお、係数θはある程度自由に設定可能です。3区間移動平均ですと常に3分の1(約0.333)になっていたのですが、移動平均モデルは「拡張された移動平均」だと考えると良いでしょう。

q次の移動平均モデルはMA(q)と表記されます。

$$y_t = \mu + \sum_{j=1}^{q} \theta_j \varepsilon_{t-j} + \varepsilon_t \quad \varepsilon_t \sim N(0, \sigma^2) \quad (2\text{-}19)$$

3-6　ARモデル・MAモデルのコレログラム

次のページの図は、AR(1)過程とMA(1)過程に従うシミュレーションデータを図示したものです。各々、3分割された上のグラフが原系列。左下が自己相関、右下が偏自己相関のコレログラムです。

AR(1)過程として以下のモデルを使いました。

$$y_t = 0.7 y_{t-i} + \varepsilon_t \quad \varepsilon_t \sim N(0, \sigma^2) \quad (2\text{-}20)$$

自己相関は時点が離れるにしたがって緩やかに変化しますが、偏自己相関は一気に0に近づくことに注目してください。

3-6 AR モデル・MA モデルのコレログラム　47

AR(1)過程

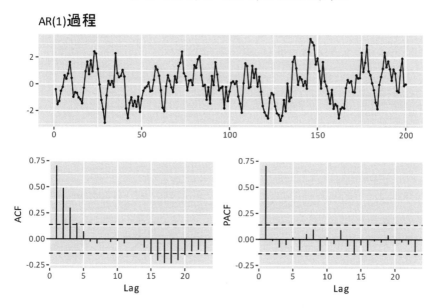

MA(1)過程

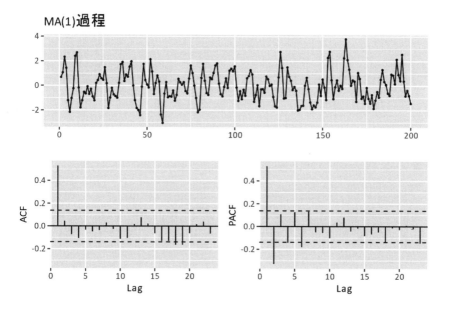

MA(1)過程として以下のモデルを使いました。

$$y_t = \varepsilon_t + 0.7\varepsilon_{t-1} \qquad \varepsilon_t \sim N(0, \sigma^2) \qquad (2\text{-}21)$$

MA 過程は AR 過程とは逆に、自己相関は時点が離れると急速に 0 に近づき、偏自己相関は絶対値が比較的大きな値をキープしています。

このように、AR モデルと MA モデルは各々異なる自己相関のパターンを表現することができます。

次のグラフは、正の係数を持つ AR モデルと負の係数を持つ AR モデルに従うデータの原系列を比較したグラフです。
正の係数を持つと前の時点と似たデータが次にも出てくることになるので、データの変動が比較的滑らかになります。
負の係数を持つと、増加・減少を頻繁に繰り返すため、細かくギザギザしたデータとなります。
この特徴は MA モデルでも同じです。

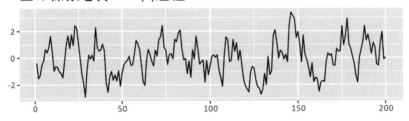

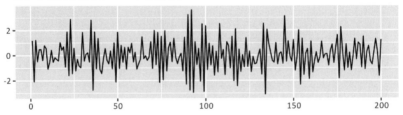

3-7　AR モデルと MA モデルの関係*

AR モデル、MA モデル共に、時系列データの自己相関を表現することができる時系列モデルです。両者では自己相関の表現の方法が異なっています。

AR モデルでは「過去の自分のデータ」をモデルに組み込むことによって、自己相関を表現します。

MA モデルでは「過去と未来で共通の値を使用する」ことによって、自己相関を表現します。

各々の時系列モデルは、異なった経緯・思想で開発されたものですが、密接な関係があることが知られています。厳密な証明は省きますが、簡単にその関係を見てみます。

AR(1)モデルを再掲します。計算の簡単のため、定数項をなくしています。

$$y_t = \phi_1 y_{t-1} + \varepsilon_t \qquad \varepsilon_t \sim N(0, \sigma^2) \tag{2-22}$$

この式を使うと、y_{t-1} は以下のように表現できます。

$$y_{t-1} = \phi_1 y_{t-2} + \varepsilon_{t-1} \qquad \varepsilon_{t-1} \sim N(0, \sigma^2) \tag{2-23}$$

(2-23)式を(2-22)式に代入します。

$$\begin{aligned} y_t &= \phi_1(\phi_1 y_{t-2} + \varepsilon_{t-1}) + \varepsilon_t \\ &= \phi_1^2 y_{t-2} + \phi_1 \varepsilon_{t-1} + \varepsilon_t \end{aligned} \tag{2-24}$$

y_{t-2} も同様に、$\phi_1 y_{t-3} + \varepsilon_{t-2}$ で表現できるため、式(2-22)は最終的に以下のように表現されます。

$$y_t = \phi_1^m y_{t-m} + \sum_{i=1}^{m-1} \phi_1^i \varepsilon_{t-i} + \varepsilon_t \tag{2-25}$$

$|\phi_1| < 1$ を仮定すると、$m \to \infty$ の時、$\phi_1^\infty y_{t-\infty} \to 0$ となるため、以下のようになります。

$$y_t \to \sum_{i=1}^{\infty} \phi_1^i \varepsilon_{t-i} + \varepsilon_t \tag{2-26}$$

これは∞次数の MA モデル、MA(∞)にほかなりません。

すなわち、$|\phi_1| < 1$ である 1 次の自己回帰モデルは∞次数の移動平均モデルで表現することができるということです。

3-8　AR モデルの定常条件*

MA モデルは、ホワイトノイズの加重和であることから想像がつくように、常に定常であることが知られています。証明はしませんが、定常過程の和は定常過程になるという性質があります。

しかし、AR モデルは、常に定常になるとは限りません。

AR(1)の場合、係数ϕ_1の絶対値が 1 より小さいことが、モデルが定常であることの条件といえます($\phi_1 = 1$ ならばランダムウォーク系列となりますね)。

これは、AR モデルを MA モデルで表現することができる条件と同じです。

AR モデルを (定常となることがわかっている) MA モデルで表現することができれば、AR モデルは定常であるとみなすことができます。

より一般的な p 次の自己回帰モデルにおける、定常条件（あるいは MA モデルで表現することができる条件）は、以下の特性方程式の解の絶対値が 1 よりも大きいことだと知られています。

$$1 - \phi_1 z - \cdots - \phi_p z^p = 0 \tag{2-27}$$

3-9　MA モデルの反転可能性*

MA モデルが予測において「良い性質」を持つためには、MA モデルの反転可能性を満たす必要があります。

MA モデルが反転可能性を持つとき、MA モデルは∞次数の AR モデルで表現することができます。

MA モデルの反転可能性を満たす条件は、以下の係数の特性方程式の解の絶対値が 1 よりも大きいことです。AR モデルの時とプラスマイナスの符号が変わっていることだけ注意してください。

$$1 + \theta_1 z + \cdots + \theta_q z^q = 0 \tag{2-28}$$

MA(1)の反転可能条件は、$|\theta_1| < 1$ となります。

ところで、MA モデルが反転可能性を満たしていると、どのような良いことがあるのでしょうか。

MA(1)モデルを再掲します。計算の簡単のため、定数項は 0 としておきました。

$$y_t = \varepsilon_t + \theta_1 \varepsilon_{t-1} \qquad \varepsilon_t \sim N(0, \sigma^2) \qquad (2\text{-}29)$$

ε_t を左辺に移行して、整理します。
$|\theta_1| < 1$ であるため $n \to \infty$ の時、$(-\theta_1)^n \varepsilon_{t-n} \to 0$ となることに注意してください。

$$\begin{aligned}\varepsilon_t &= -\theta_1 \varepsilon_{t-1} + y_t \\ &= (-\theta_1)^n \varepsilon_{t-n} + \sum_{j=0}^{n-1} (-\theta_1)^j y_{t-j} \\ &\to \sum_{j=0}^{\infty} (-\theta_1)^j y_{t-j}\end{aligned} \qquad (2\text{-}30)$$

この式は「予測誤差(ε_t)の大小は、過去のデータから判断することができる」ことを表しています。

「予測誤差(ε_t)の大小を、過去のデータから判断することができるかどうか」が、MA モデルの反転可能性の意味とみなすことができます。

MA モデルの反転可能性が満たされている時の誤差を「本源的なかく乱項」と呼ぶこともあります。

3-10 自己回帰移動平均モデル(ARMA)

AR モデルと MA モデルを組み合わせたものを自己回帰移動平均モデル（AutoRegressive Moving Average model：ARMA モデル）と呼びます。

AR・MA モデルを組み合わせることで、時系列データにおける自己相関を柔軟に表現することができます。

p 次の AR モデルと q 次の MA モデルを組み合わせた ARMA モデルは ARMA(p,q)と表記され、以下のように定式化できます。

$$y_t = c + \underbrace{\sum_{i=1}^{p} \phi_i y_{t-i}}_{AR(p)} + \varepsilon_t + \underbrace{\sum_{j=1}^{q} \theta_j \varepsilon_{t-j}}_{MA(q)} \qquad \varepsilon_t \sim N(0, \sigma^2) \qquad (2\text{-}31)$$

3-11　自己回帰和分移動平均モデル(ARIMA)

　非定常過程に対して、ARMAモデルを使うことはできません。
　しかし、和分過程に対しては、差分をとることで定常過程に変換することができます。そこで、あらかじめ差分をとってからARMAモデルを推定します。

　和分過程へのARMAモデルを、自己回帰和分移動平均モデル（AutoRegressive Integrated Moving Average model：ARIMAモデル）と呼びます。
　d 階和分過程 I(d)において ARMA(p,q)を適用する場合の ARIMA モデルをARIMA(p,d,q)と表記します。

　和分過程のコレログラムは、定常な自己回帰モデルや移動平均モデルとは大きく異なります。それは、過去のデータが持つ影響がなくならないことが原因です。
　ARIMA(0,1,0)すなわちランダムウォーク過程のコレログラムは次の図のようになります。絶対値が大きな自己相関が長く続くのが特徴です。

3−11 自己回帰和分移動平均モデル(ARIMA)

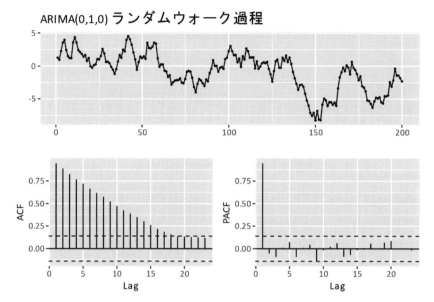

ARIMA(0,1,0) ランダムウォーク過程

4章　ARIMAモデルの拡張

ARIMAモデルの拡張として、季節成分と外生変数を組み込む方法を説明します。

なお、各々別称がついていますが、まとめてARIMAと表記されることもあるようです。ARIMAと同種のモデルだとご理解ください。

4−1　季節性ARIMAモデル(SARIMA)

ARIMAモデルに季節成分を入れたモデルをSARIMAモデル(Seasonal ARIMA model)と呼びます。ここでは有田(2012)に基づきSARIMAモデルの解説を行います。

説明の簡単のため、月単位の時系列データを対象とします。

月単位のデータで、2000年1月から2003年の12月までデータがあります。
○印が各年月のデータを表しています。各月の平均気温のデータだと思ってください。

	1月	2月	3月	・・・・・・・・・・・・・	11月	12月
2000年	○	○	○		○	○
2001年	○	○	○		○	○
2002年	○	○	○		○	○
2003年	○	○	○		○	○

通常のARIMAでは、データを月ごとに取り、例えば「先月が暖かければ今月も暖かいだろう」といった前月と当月との関係(自己相関)をモデル化します。

	1月	2月	3月	・・・・・・・・・・・・・	11月	12月
2000年	○	○	○	→	○	○
2001年	○	○	○		○	○
2002年	○	○	○		○	○
2003年	○	○	○		○	○

一方SARIMAモデルの季節成分では、データを前年同期ごとに取り、例えば

「去年の1月が暖かければ、今年の1月も暖かいだろう」といった過去の同月ごとの「去年との相関関係」をモデル化します。

	1月	2月	3月	・・・・・・・・・・・・	11月	12月
2000年	○	○	○		○	○
2001年	↓	○	○		○	○
2002年	↓	○	○		○	○
2003年	○	○	○		○	○

SARIMAモデルにおいても、通常のARIMAモデルと同じように次数を設定する必要があります。

1周期がsであるデータ(月単位データなら$s=12$)においてARIMAの次数(p,d,q)と、季節性の次数(P,D,Q)を合わせてSARIMA(p,d,q) (P,D,Q)[s]と表記します。

季節部分の次数を固定して、SARIMA(p,d,q) (0,1,0) [s]とすると、このモデルは「季節階差をとったデータに対するARIMAモデル」とみなすことができます。
SARIMAは季節階差の拡張となっていることがわかります。

日単位のデータだった場合は、季節成分はSARIMAで表現するのではなく、ARIMAXモデルを用いて外生変数として処理したほうが簡単なこともあります。

4-2　ラグ演算子によるSARIMAモデルの数理的表現*

SARIMAモデルをそのまま数式で表すのはやや煩雑です。そこでSARIMAモデルはラグ演算子と呼ばれる演算子を用いて表記するのが普通です。
ここではラグ演算子を導入したのち、SARIMAモデルの数理的表現を紹介します。難しければ飛ばしていただいても支障ありません。

ラグ演算子はその名の通り時点をずらした「ラグ」をとる演算子でBackward shiftのBと表記します。
ラグ演算子を用いると、$By_t = y_{t-1}$となります。
2時点ずらすには$B(By_t) = B^2 y_t = y_{t-2}$となります。時点をずらすという行為を

累乗という記法を用いて表現することができます。

この記法を用いると、定数項のない ARIMA(1,0,1) モデルは以下のように定式化されます。

$$(1 - \phi_1 B)y_t = (1 + \theta_1 B)\varepsilon_t \tag{2-32}$$

この式を展開すると、ARIMA(1,0,1) になることがわかります。

$$y_t - \phi_1 B y_t = \varepsilon_t + \theta_1 B \varepsilon_t$$
$$y_t = \phi_1 y_{t-1} + \varepsilon_t + \theta_1 \varepsilon_{t-1}$$

また、差分系列をとることは、以下のように表記できます。

$$\Delta y_t = (1 - B)y_t \tag{2-33}$$

d 階差分をとることを $\Delta^d y_t$(ただし $\Delta^0 y_t = y_t$)と表記することにすると、一般的な ARIMA(p,d,q) は以下のように表記できます。

$$\left(1 - \sum_{i=1}^{p} \phi_i B^i\right)\Delta^d y_t = \left(1 + \sum_{j=1}^{q} \theta_j B^j\right)\varepsilon_t \tag{2-34}$$

これを、よりシンプルに以下のように表記することとします。

$$\phi(B)\Delta^d y_t = \theta(B)\varepsilon_t \tag{2-35}$$

1周期が s であるデータにおいて D 階季節差分をとることを $\Delta_s^D y_t$(ただし $\Delta_s^0 y_t = y_t$)と表記すると、季節性は以下のように表記できます。

$$\left(1 - \sum_{I=1}^{P} \Phi_I B^{sI}\right)\Delta_s^D y_t = \left(1 + \sum_{J=1}^{Q} \Theta_J B^{sJ}\right)\varepsilon_t \tag{2-36}$$

これもやはりシンプルに以下のようにまとめます。

$$\Phi(B)\Delta_s^D y_t = \Theta(B)\varepsilon_t \tag{2-37}$$

一般的な SARIMA(p,d,q) (P,D,Q)[s] は以下のように定式化されます。

$$\left(1 - \sum_{i=1}^{p} \phi_i B^i\right)\left(1 - \sum_{I=1}^{P} \Phi_I B^{sI}\right) \Delta^d \Delta_s^D y_t = \left(1 + \sum_{j=1}^{q} \theta_j B^j\right)\left(1 + \sum_{J=1}^{Q} \Theta_J B^{sJ}\right) \varepsilon_t \quad (2\text{-}38)$$

シンプルに以下のようにまとめられます。

$$\phi(B)\Phi(B)\Delta^d \Delta_s^D y_t = \theta(B)\Theta(B)\varepsilon_t \quad (2\text{-}39)$$

4−3　外生変数付き ARIMA モデル(ARIMAX)

次は外生変数が入った ARIMA モデル、ARIMAX モデル(ARIMA with eXogenous variables model)を紹介します。exogenous は外因性と訳されます。

こちらはトランザクションデータでの解析でよく使われる「回帰」の要素を取り込んだ ARIMA モデルだと考えると良いでしょう。

例えばビールの売り上げという時系列データは、季節性や短期の自己相関などで表現することが可能と考えられます。しかし、近くて大きなイベント（大きな野外コンサートなど）があった場合、売り上げが一気に増えることもあり得ます。こういったイベント効果や異常値ともみられる値を補正するのに回帰項が導入されます。

また曜日や祝日の効果をモデルに組み込むために回帰項が入れられることもあります。SARIMA と異なり、ダミー変数を使うことで様々なパターンを作り出すことができるのも利点といえます。例えば、曜日ではなく、休日か平日かで分ける場合は外生変数とした方が簡単です。

予測する対象を「応答変数」と呼びます。

逆に、イベントや曜日など応答変数に影響を与えるものを「説明変数」と呼びます。

r 個の説明変数があり、時点 t における k 番目の説明変数を $x_{k,t}$ と置くと ARIMAX(p,0,q)モデルは以下のように定式化されます。

$$y_t = c + \sum_{i=1}^{p} \phi_i y_{t-i} + \varepsilon_t + \sum_{j=1}^{q} \theta_j \varepsilon_{t-j} + \sum_{k=1}^{r} \beta_k x_{k,t} \quad (2\text{-}40)$$

応答変数y_tに対して d 階差分をとったデータに式(2-40)を適用することによって、一般的な ARIMAX(p,d,q) を推定することができます。SARIMA モデルとの併用も可能です。

なお、ARIMA に外生変数を入れると考えるのではなく、通常の線形回帰モデルから見る見方もあります。これを ARIMA Error モデルと呼びます。
ARIMA Error モデルは、形式上以下のようにあらわされます。
① 線形回帰モデルをデータに適用する
② 線形回帰モデルの残差に対して ARIMA モデルを適用する
見た目は変わりますが、モデルの意味としては、ARIMAX モデルと同じです。

4-4　まとめ：ARIMA と時系列の構造

第1部において、時系列データの基本となる構造を説明しました。概念式を再掲します。

時系列データ＝ 短期の自己相関
　　　　　　　＋周期的変動
　　　　　　　＋トレンド
　　　　　　　＋外因性
　　　　　　　＋ホワイトノイズ

ARIMA モデルと上記の構造の対応をまとめます。
- 短期の自己相関：ARMA 成分
- 周期的変動：SARIMA による季節成分。あるいは ARIMAX モデルを用いて、曜日などを外生変数として組み込む
- トレンド：差分をとることにより消す
- 外因性：ARIMAX モデルで対応

なお、トレンドについては差分をとれば消えますが、差分系列が定数項を持っていた場合、累積和をとればまた復活します。ですので、無視をしているわけではありません。

5章　モデルの同定と評価の考え方

ARIMA(p,d,q)というモデルを使うことが決まったとしても、p や d, q といった内部の次数を決める作業がまだ残っています。

こういった次数を決める作業を Box-Jenkins 法では「モデルの同定」と呼びます。モデルの同定の作業は、「モデル選択」と「単位根検定」いう枠組みで解決します。

また、同定されたモデルが、本当に役に立つモデルかどうか評価する必要もあります。

この章では、同定・評価の手順に加えて予測精度の評価方法について解説します。

5-1　モデルの同定

モデルの同定とは、ARIMA または SARIMA モデルの次数を決める作業です。話の簡単のために、以下では ARIMA モデルを対象とします。

例えば、ARIMA(2,0,0)が良いのか、ARIMA(1,1,0)が良いのか、比較検討していく作業が同定です。

モデルの同定には、以下の3つの作業が必要となります。
① ARMA 次数の決定：モデル選択
② 差分の階数の決定：単位根検定
③ 選ばれたモデルの評価

5-2　パラメタの推定

同定の方法を説明する前に、1点補足しておきます。
モデルの同定と勘違いしやすいのが、パラメタの推定です。
パラメタの推定とは、例えば次数を ARMA(1,0)と決めた時のパラメタの値を求めるものです。

例えば以下の ARMA(1,0)すなわち AR(1)の式におけるϕ_1がいくつなのかを計算する作業を「パラメタの推定」と呼ぶということです。例えば$\phi_1 = 0.6$と求まればパラメタ推定完了です。

$$y_t = c + \phi_1 y_{t-1} + \varepsilon_t \qquad \varepsilon_t \sim N(0, \sigma^2)$$

ARMA モデルのパラメタ推定には色々な方法があるのですが、本書後半で説明するカルマンフィルタと最尤法を使った統一的なアプローチを使うのがベターです。

この章ではパラメタ推定の方法については立ち入らず、モデルの同定の方法のみを説明します。

5-3　ARMA 次数の決定：モデル選択

ここからはモデルの同定の方法を説明していきます。

まずは差分の階数は置いておいて、ARMA(p,q)の次数を決定します。これはモデル選択の枠組みで行います。

Box-Jenkins 法が提唱された直後と現在とではコンピュータ資源の豊富さなどがまるで違うため、同定の手順にも変化が起こりました。簡単に比較します。

古い同定の手順
時系列データのコレログラムなどをみて、自己相関のパターンから次数を判断する。

新しい同定の手順
手当たり次第に次数を変えてモデルを推定し、そのモデルの良さを逐一評価する。最も良い指標を出したモデルを最適なモデルとして採用する。様々な次数を持ったモデルの中から良いモデルを選ぶので「モデル選択」と呼ばれる。
モデルの良さの指標としては AIC がよく使われる。

モデル選択を学ぶためには、AIC という指標を学ぶのが第一です。

5-4　尤度と対数尤度・最尤法・最大化対数尤度

AICを学ぶ前に、尤度を理解しておきましょう。

モデル選択をする際には「手持ちのデータに対するモデルの当てはまり」の度合いを定量化する必要があります。

その時の指標が尤度と呼ばれるものです。

尤度は「パラメタが与えられた時に、手持ちのデータが得られる確率」です。

例えば、コイン投げを考えます。
コインにおける「表が出る確率」をパラメタだとします。
コインを2回投げました。1回目が表で2回目が裏でした。
パラメタが3分の1の時「1回目が表で2回目が裏」となる確率は「1/3×2/3=2/9」となります。この2/9が尤度です。

なお、尤度はとても小さな値になりやすいですので、対数をとって対数尤度として取り扱うことが普通です。

なお、対数尤度を最大にするパラメタを推定量として使用することを「最尤法」と呼びます。

最尤法により推定されたパラメタを使った時の対数尤度を、最大化対数尤度と呼びます。

5-5　モデル選択とAIC

推定すべきパラメタの数を増やして、モデルを複雑にすることで、尤度は大きくなります。

先ほどのコイン投げの例ですと「1回目のコインが表になる確率は3/4、2回目のコインが表になる確率は1/4」とすると、尤度は「3/4×3/4=9/16」となりますね。1回目と2回目で分けて、2つのパラメタを用いたことで、尤度が大きくなりま

した。

これは ARMA モデルでも同じでして、ARMA(p, q)の次数を増やせば増やすほど、モデルは複雑になって、モデルの対数尤度は大きくなります。

そこで、モデル選択の規準として AIC が使われます。
AIC は以下のように定義されます。

$$\text{AIC} = -2(\text{最大化対数尤度}) + 2(\text{推定されたパラメタの数}) \quad (2\text{-}41)$$

AIC は対数尤度にマイナスがかかっていることからわかるように、小さければ小さい方が「良いモデル」だと判断できる指標です。

AIC の解釈としては、尤度にパラメタ数という罰則を入れたものとみなすことができます。

パラメタ数が増えたという罰則を補って余りあるほどに尤度が増加するかどうか。これがパラメタ数を増やすかどうかの規準になるというわけです。

5-6　予測と当てはめ

未来に対して、モデルを用いたデータの値の推測をすることを予測といいます。
一方、すでに手元にあるデータに対して、モデルを用いたデータの値の推測をすることを当てはめと呼びます。

今日が 2000 年 12 月 31 日の夜だとしましょう。
2000 年の 1 年間の毎日の神戸市の気温データが手元にあります。
このとき、2000 年の気温を、モデルを使って推測することを当てはめと呼びます。
2001 年以降の気温を推測することが予測です。
予測と当てはめという用語は、今後頻繁に出てくるため、必ず覚えておいてください。

5-7　なぜAICを使うのか

実際のデータから、モデルによる推測値（予測値や当てはめ値）を引いたものを残差と呼び、以下のようにあらわします。

$$e_t = y_t - \hat{y}_t \tag{2-42}$$

ただし、y_tは実データ、$\hat{y}_t$はモデルによる推測値を表しています。

T期間における予測残差の大きさは、RMSE(Root Mean Square Error)などを用いて評価されます。RMSEが小さければ小さいほど、実データと推測値が良く一致していることがわかります。

$$\text{RMSE} = \sqrt{\frac{1}{T}\sum_{t=1}^{T} e_t^2} = \sqrt{\frac{1}{T}\sum_{t=1}^{T} (y_t - \hat{y}_t)^2} \tag{2-43}$$

一般的に、予測と当てはめでは、予測のRMSEのほうが大きくなります。
このため、当てはめの精度が良かったとしても安心はできません。未来を予測したとたんに精度が一気に落ちるということはよくある話です。

これは、モデルを複雑にした時によく起こる問題です。手持ちのデータに対して当てはめ精度を高くしすぎると、逆に未来のデータの予測精度が下がってしまうのですね。
この問題を防ぐためにも AIC を用いたモデル選択を行うことには意味があります。
AICはパラメタ数という罰則をくわえた当てはめ精度の指標とみなすことができます。罰則項が入っているため、モデルが複雑になりすぎるのを防ぐことができるのです。

5-8　差分をとるか判断する：単位根検定

AIC によるモデル選択の考え方を使うと ARMA(p, q)の次数の判断はできるのですが、何階差分をとればいいかまでは分かりません。

そこで登場するのが単位根検定です。

単位根検定にはいくつかの種類があります。
その中でもKPSS検定とADF検定について解説します。

5-9 単位根検定：KPSS検定

帰無仮説：単位根なし
対立仮説：単位根あり
となっている検定をKPSS検定と呼びます。
　KPSS検定をして、危険率5%で有意となったならば、差分をとるべきだと判断します。
　ここではごく簡単にKPSS検定のしくみを解説します。詳細は福地・伊藤(2011)やKwiatkowski et al.(1992)なども参照してください。

KPSS検定では、以下のモデルを仮定します。

$$y_t = \alpha + \beta t + \sum_{i=1}^{t} u_i + \epsilon_t \qquad (2\text{-}44)$$

ただし、ϵ_t は定常過程であり、$u_i \sim \text{iid}(0, \sigma_u^2)$ とします。
　おおざっぱに言うと、この式は「トレンド＋ランダムウォーク＋定常過程」であるとみなせます。ここで、ランダムウォークがあるのならば、たとえトレンドを除去したとしても単位根が残ることになります。
　そこで、以下の仮説を考えます。
帰無仮説：$\sigma_u^2 = 0$
対立仮説：$\sigma_u^2 \neq 0$
　$\sigma_u^2 = 0$ ならば、ランダムウォーク項は、実質無視できます。
　帰無仮説が棄却されれば、たとえトレンドを除去したとしても単位根が残ると結論付けます。あくまでも、帰無仮説は「トレンド＋定常過程」であることに注意してください。

　なお、$\beta = 0$ と置くと、「定数＋ランダムウォーク＋定常過程」となります。そ

のため、帰無仮説は単なる定常過程であるとみなせます。

本書では特に断りがない限り、後者の$\beta = 0$と置いたKPSS検定を用います。
実際の分析では、データに合わせて検定方法を変えてください。

5-10　単位根検定：ADF検定

続いてADF検定の説明に移ります。ADF検定の帰無仮説と対立仮説は以下の通りです。
帰無仮説：単位根あり
対立仮説：単位根なし
KPSS検定とは帰無仮説と対立仮説が逆になっていることに注意してください。

ADF検定は拡張DF検定とも呼ばれます。まずは拡張されていない普通のDF検定から見ていきます。
AR(1)モデルを再掲します。

$$y_t = \phi_1 y_{t-1} + \varepsilon_t \qquad \varepsilon_t \sim N(0, \sigma^2)$$

このとき、$\phi_1 = 1$であれば、y_tはホワイトノイズの累積和であり、すなわちランダムウォークとみなせます。言い換えれば、単位根を持つということです。

そこで、以下のように帰無仮説と対立仮説を設定します。
帰無仮説：$\phi_1 = 1$
対立仮説：$|\phi_1| < 1$

これがDF検定です。

簡単そうに見えますが、棄却点を計算するのが難しく、単なるt検定ではうまくいきません。棄却点の求め方は本書のレベルを超えるのでここでは説明しません。

DF検定はAR(1)モデルを用いた検定でしたが、それをAR(p)に拡張したものが拡張DF検定、すなわちADF検定です。

一般的には DF 検定ではなく ADF 検定を使うのが普通です。

詳細は省きますが、ADF 検定も、KPSS 検定と同じようにトレンドを加味することが可能です。

また ADF 検定は AR モデルの使用を前提としていましたが、より一般的な自己相関のパターンや分散の不均一性も許した PP 検定と呼ばれる手法もあります。詳しくは沖本(2010)を参照してください。

5-11　評価：モデルの定常性・反転可能性のチェック*

AIC によるモデル選択、そして単位根検定を経て、ようやく最適な次数がわかった、あるいはその候補を絞り込めたとしましょう。

次にやることは、推定されたモデルの評価です。AIC だけでは判断できない部分をこれからチェックしていきます。

まずは ARMA モデルの定常性・反転可能性のチェックです。

正しい階数の差分をとったデータに対して ARMA モデルを正しく適用できたならば、両者とも満たされているはずです。

まずは定常性のチェックです。

MA モデルは常に定常であるため、AR 項が定常であることが ARMA モデルの定常条件となります。

次は反転可能性のチェックです。

AR モデルが定常である時は、常に反転可能となります。そのため MA 項における反転可能条件が ARMA モデルの反転可能条件とみなせます。

定常性・反転可能性ともに、係数の特性方程式の解の絶対値が 1 よりも大きいことで確認できます。詳細は『3 章 ARIMA モデル』で解説しているため省略します。

特性方程式を解くのは、R 言語を使えば簡単にできます。

5-12 自動ARIMA次数決定アルゴリズム

ARIMAモデルの次数を自動で決めるアルゴリズムを紹介します。

これを使えば比較的簡単にARIMAモデルを構築することが可能です。詳細はHyndman and Khandakar(2008)を参照してください。

以下の手順で次数を決定します。
1. KPSS検定を行い、単位根の有無を調べる
    1.1 帰無仮説が棄却され、単位根があるとみなせるならば差分をとる
    1.2 差分系列に対してさらにKPSS検定を行い、単位根がないことを調べる。単位根があればさらに差分をとり、単位根がないとみなせるまで続ける
2. 差分系列に対してARMAモデルを適用する
    2.1 定数項がある時と無い時、別々に、ARMA(p, q)の次数を網羅的に変化させる
    2.2 定数項の有無別、次数ごとにAICを計算する
3. 定常性・反転可能性をチェックする
    3.1 定常条件・反転可能条件を片方でも満たさないモデルは不採用とする
4. 定常性・反転可能性のチェックを通ったモデルの中で最もAICが小さいモデルをベストモデルとして採用する

SARIMAモデルが対象だったとしても、おおよそ同じ手順で進められます。季節階差の次数Dに関しては、拡張されたCanova-Hansen検定を用いて判断します。

この手順をすべて人間がやるのは大変ですが、R言語を使えば自動で行うことができます。ただし、内部で何が行われているかは理解したうえで使うようにしてください。

5-13 評価：残差の自己相関のテスト

自動ARIMA次数決定アルゴリズムを使って、最適なモデルが選ばれたとして

も安心はできません。
　このアルゴリズムは最低限の評価しか行っていないからです。
　そのモデルの良さをさらに評価していきます。

　ARIMA モデルを正しく推定できていた場合、残差は自己相関の無いホワイトノイズになるはずです。
　以前学んだように、ホワイトノイズは「未来を予測する情報がほとんど含まれていない、純粋な雑音」なのでした。
　もしも残差に自己相関が残っていた場合は「未来を予測する情報がまだ残っている」ことになります。
　これはすごくもったいないことです。
　予測精度を上げる余地が残っているということなのですから。

　また、モデルの前提として残差にホワイトノイズを仮定して計算をしていたはずです。残差がホワイトノイズになっていない、ということは、誤ったモデルを同定してしまったのだとみなさざるを得ません。

　なので、モデルを推定した後は、少なくとも当てはめにおける残差を計算して、その自己相関をチェックする必要があります。

　自己相関の有無を検定する方法としては、Ljung-Box 検定などがあります。
　ラグを k とした Ljung-Box 検定の帰無仮説と対立仮説は以下の通りです。
　帰無仮説：k 時点まで離れたデータとの自己相関がすべて 0 である
　対立仮説：いずれかの相関係数が 0 ではない

　この検定は様々な次数で行い、そのすべてで有意な自己相関がないことを確認します。

5-14　評価：残差の正規性のテスト

　次は、当てはめ残差が正規分布に従っているかどうかを検定します。時系列モデルの残差項として正規分布に従うホワイトノイズが仮定されているため、正し

くモデル化できている場合は、当てはめ残差も正規分布に従っているはずです。

正規性の検定として、Jarque–Bera 検定や Shapiro-Wilk 検定などを用います。
ここでは Jarque–Bera 検定を用いることにします。これは残差の分布の尖度と歪度を、正規分布における理論上の尖度と歪度と比較して、両者に差があるかどうかを判断するものです。

帰無仮説と対立仮説は以下の通りです。
帰無仮説：正規分布に従う
対立仮説：正規分布と異なる
Jarque–Bera 検定を行い、正規分布と有意に異なるとは言えないことを確認します。

もちろん、有意にならなかったからといって「正規分布であることが保証された」わけではありません。検定の非対称性があるので、帰無仮説が正しいことは証明できないのです。
しかし、明らかに正規分布と異なる残差であった場合にはそれを検出することができます。
残差の自己相関の検定もそうですが、これらの検定は「明らかな間違いがあった場合にそれを検出する」作業です。この検査をパスしたからといって「正しく推定されていることの保証」にはならないことに注意してください。とはいえ、チェックするのとしないのとでは大きな違いです。

これらのテストをすべて通過して、ようやく同定が完了となります。

5-15　テストデータによる予測精度の評価

ここでは、同定されたモデルの予測精度の評価方法を説明します。

予測と当てはめでは、予測の RMSE のほうが大きくなりやすいことを説明しました。そのため、モデルの予測精度を評価するためには、未来のデータを使う必要があります。

疑似的に用意された未来のデータをテストデータと呼びます。

今日が2000年12月31日の夜だとしましょう。
2000年の1年間の毎日の神戸市の気温データが手元にあります。
このとき、2000年のデータのうち、11月と12月をあえて使わないで残しておきます。これをテストデータとします。
2000年の1～10月のデータを使ってモデルを同定し、当てはめ精度を評価します。モデルの同定に使われるデータを訓練データと呼びます。
そして、2000年の11月と12月のテストデータを、モデルを使って予測します。

テストデータに対する推測値は、予測値だとみなすことができます。
手持ちのデータを訓練データとテストデータに分けることで、より正確に予測精度を評価することができるのです。

逆に言えば、このレベルで精度評価ができていなければ、予測モデルとしては役に立ちません。予測がメインの分析なのであれば「必ず」訓練データとテストデータを分けて評価するようにしてください。
ビッグデータを使うと、予測精度がこんなにも高くなりました！　といううたい文句はよく耳にします。しかし、ビッグデータを使うことで〇〇円の利益が得られましたという報告はあまり聞きません。失敗する予測モデルは、精度を「当てはめ精度」で評価していることが多いようです。未来を予測しようとしたとたんに、精度は一気に下がります。

5-16　ナイーブ予測との比較

予測精度が例えばRMSEなどの指標で計算できたとしましょう。次にやるべきは「その予測精度が高いといえるか」のチェックです。

これにはナイーブ予測の予測精度と比較をするのが良いです。ナイーブ予測とは「複雑な技術を使わずに出すことができる予測」です。
よく使われるのが、以下の2つの方法です
① 過去の平均値を予測値として出す

② 前時点の値を予測値として出す

仮にデータがただのホワイトノイズならば①の方法が、ランダムウォーク系列ならば②の方法が最適な予測となります。

作成された予測モデルの精度がナイーブ予測の精度を上回っていることを確認します。

もしも下回っていた、あるいはほぼ同等の場合は、予測モデルを作る意味がなかったということです。こういうこともしばしばあります。ホワイトノイズやランダムウォークとみなせるデータにたいしてARIMAモデルを適用しても、予測はできません。

大事なのは、予測精度ではなく「モデルを使って価値を生み出せるか」です。予測精度が低いということがわかれば、ナイーブ予測を使うのを最善とみなして無駄な投資をしないという選択をすることができます。これも立派な成果だと思います。

少なくとも、複雑な技術を使って無意味な予測を出し続けることは避けなければなりません。

6章　Rによる時系列データの取り扱い

この章と次の章は、今まで学んできたことの実践編となります。
まずはR言語を用いた時系列データの取り扱いを解説します。

なお、執筆の際の環境は以下の通りです。
OS：Windows10 64bit
R：version 3.4.3
RStudio：Version 1.1.383

6-1　Rのインストール

　Rとは、タダで使える統計解析ソフトです。多くの人が使っているので、豊富な情報がウェブ上にあります。著者の Web サイトも参照してみてください(https://logics-of-blue.com/)。サンプルデータや分析コードはここからダウンロードできます。
　大変に高機能なので、研究者でも愛用している人は多いです。時系列分析のためのツールも一揃い用意されています。

　Rは CRAN(https://cran.r-project.org/)または、統計数理研究所が管理しているミラーサイト（https://cran.ism.ac.jp/）からダウンロードできます。日本にお住まいの方は、ミラーサイトからダウンロードするとアクセスがしやすいです。
　Windowsをお使いの方は『Download R for Windows』→『base』→『Download R ○.○.○ for Windows』の順番にリンクを押していけばダウンロードできます（○.○.○はRのバージョンです。最新バージョンをダウンロードしてください）。

　基本的にはダウンロードした exe ファイルを実行して「次へ」ボタンを押し続けていればインストールが終わりますが、1点だけ注意が必要です。それがインストール先の指定です。
　Windows を使われている方は「C:¥Program Files¥」の中のフォルダが指定されているかと思いますが、この場所では少々問題があります。「C:¥R」など別のフォルダを作成して、そこにインストールするようにしてください。このほうが何

かとバグが少なく運用できます。

6-2　RStudioのインストール

Rはそのままでも十分に使えますが、統合開発環境(IDE)を使うことで、開発効率がさらに上がります。

RのIDEとしてもっとも有名なものがRStudioです。

RStudioは以下のURLからダウンロードできます。

・https://www.rstudio.com/products/rstudio/download/

いくつかの種類が提示されていますが、無料の『RStudio Desktop Open Source License』を選択すればよいです。ご自身のOSに合わせてインストーラーをダウンロードしてください。

インストール後にRStudioを起動させるとき、もしもうまくいかないようであれば、アイコンを右クリックして「管理者として実行」して起動させてください。これでうまく立ち上がることがあります。

6-3　RStudioの簡単な使い方

RStudioを起動したら、まずは「Ctrl + Shift + N」を押してください。新しいRファイルが作成されます。新しく出てきた画面を「エディタ」と呼びます。

エディタにコードを書き、「Ctrl + Enter」を押すと、カーソルが当たっている行、または選択されている行全体のコードが実行されます。

実行結果は「コンソール」と呼ばれる部分に表示されます。

任意のコードを書いた後「Ctrl + S」を押すと、エディタが保存されます。ただのテキストファイルですので、たくさん書いてたくさん保存しても容量は大して食いません。

RStudioを使うと、カッコの閉じ忘れが劇的に減ります。なぜならば、左カッコを入れると、自動的に右カッコも入力されるからです。

このほかにもRStudioは「痒い所に手が届く」様々な機能があるので、簡単に

説明します。

まずはコメントの付け方です。

Rではシャープ「#」記号を使うことで、その行をコメントとして扱うことができます。

たまに「一時的に使いたくないコード」をコメントアウトして、動作に悪影響を与えないようにすることがあります。

このとき、いちいちコード一行一行に#記号を埋めていくのは大変非効率です。

RStudioでは「Ctrl + Shift + C」というショートカットが用意されており、それを使うと選択行すべてがコメントアウトされます。

コメントアウトを外す時も同じショートカットを使えばよいです。

また、長いコードを書くコツとして、コメントにハイフンを4つ以上つなげて書くというワザがあります(「Ctrl+Shift+R」を使っても構いません)。こうしておくと、RStudioエディタの左端の「▼」記号をクリックすることで、コードが短く折りたたまれます。「Alt+Shift+J」でコード内を素早く移動することもできます。

```
# コメント ------------------
```

また、コードを書いている時に「Ctrl + スペース」というショートカットを使うと、入力中のコードを自動で補完してくれます。Tabキーでも構いません。

次から、細かい文法規則の説明が続きますが、すべてを覚える必要はありません。困ったらこの「Ctrl + スペース」を押せば何とかなります。

6-4　四則演算

次は四則演算を実行してみます。

この本では、エディタに書き込むコードは以下のように一重線の四角のなかに表記することにします。

```
1 + 1
4 - 2
2 * 3
```

```
6 / 4
```

コンソールに表示される実行結果は二重線の四角の中に表記します。記号『>』の後にエディタに書かれたコードが表示され、その次の行に実行結果が出力されます。

```
> 1 + 1
[1] 2
> 4 - 2
[1] 2
> 2 * 3
[1] 6
> 6 / 4
[1] 1.5
```

四則演算くらいならば、Excel などと同じように計算することができます。

6-5 変数

変数を定義する際には『<-』の記号を使います。数値型・文字列型などの宣言は不要で、数字か記号かは内部で勝手に判断されます。

```
> a <- 3
> a + 1
[1] 4
```

上の例では、a という変数に 3 を格納しました。『a + 1』は実質『3 + 1』ですので、結果は 4 となります。

なお、本書では紙数の関係上、短い変数名を多用しますが、読めば中に何が入っているかわかるような名前を付けるのが本来は好ましいです。

6-6　関数とヘルプ

　数値や変数を入力すると何かしらの計算結果を返してくれるものを、関数やメソッドと呼びます。
　例えば、平方根をとる関数 sqrt を使うと、以下のような結果が得られます。

```
> sqrt(4)
[1] 2
>
> hensu <- 2
> sqrt(hensu)
[1] 1.414214
```

　関数を自分で作ることもできます。
　変数に1を足したものを返す関数、plusOne を作ってみます。

```
plusOne <- function(x){
  return(x + 1)
}
```

　計算結果はこちらです。

```
> plusOne(5)
[1] 6
```

　関数の使い方がわからない場合は、以下のようにクエスチョンマークを使えば、関数のヘルプを見ることができます。
　このヘルプと、RStudio のショートカット「Ctrl ＋ スペース」を駆使すれば、使ったことがない関数であっても苦労することは少ないはずです。

```
?sqrt
```

6-7　ベクトル

　ここからは R 言語でよく使われるデータの型を構造が簡単なものから順に説明していきます。

　c()で囲うことで、複数のデータをまとめて格納することができます。このデータ形式をベクトルと呼びます。1 行目で vec という変数を定義して 2 行目でその中身を表示させています。

```
> vec <- c(1,3,5,6)
> vec
[1] 1 3 5 6
```

　等差数列を作る場合は以下のようにコロン記号を使うのが簡単です。2〜7 の等差数列を作ってみます。

```
> 2:7
[1] 2 3 4 5 6 7
```

　要素の一部を抽出するには鍵カッコを使います。
　要素番号が 1 から始まるということに注意してください。

```
> vec[2]
[1] 3
```

　要素番号をベクトルとして複数指定することで、複数のデータを抽出することもできます。

```
> vec[1:2]
[1] 1 3
```

　ベクトルに対して演算をすると、中の値すべてに反映されます。

```
> vec + 2
[1] 3 5 7 8
```

6-8　行列

ベクトルを2次元に拡張したものを行列と呼びます。複数行にまたがるコードは『>』のあとに『+』記号が続いてコンソールに表示されます。

```
> mat <- matrix(
+   c(1,2,3,4,5,6,7,8),
+   nrow = 4
+ )
> mat
     [,1] [,2]
[1,]    1    5
[2,]    2    6
[3,]    3    7
[4,]    4    8
```

nrow = 4 と設定することで、4行の行列を作ることができます。

なお、nrow といった引数を忘れてしまっても、RStudioのショートカット「Ctrl＋スペース」を使うと、候補を表示してくれます。ぜひ活用してください。

変数の型は class という関数を使うことで確認できます。

```
> class(mat)
[1] "matrix"
```

同様に、列数を指定して行列を作ることもできます。ncol = 4 と指定します。

```
> matrix(
+   c(1,2,3,4,5,6,7,8),
+   ncol = 4
+ )
```

```
       [,1] [,2] [,3] [,4]
[1,]    1    3    5    7
[2,]    2    4    6    8
```

1〜8までの数値が入ったベクトルを行列形式にしているのですが、デフォルトでは数値が縦方向に格納されています。

横方向にデータを格納する場合はbyrow = Tと指定します。

```
> mat_byrow <- matrix(
+   c(1,2,3,4,5,6,7,8),
+   ncol = 4,
+   byrow = T
+ )
> mat_byrow
       [,1] [,2] [,3] [,4]
[1,]    1    2    3    4
[2,]    5    6    7    8
```

ベクトルと違って2次元ですので、データを抽出する際は鍵カッコの中に[行番号,列番号]を指定します。

```
> mat_byrow[2,1]
[1] 5
```

細かいテクニックですが、行や列に名前を付けることができます。後ほど、データの変換をする際に使うので、覚えておいてください。

```
> mat_with_name <- matrix(
+   c(1,2,3,4,5,6,7,8),
+   ncol = 4,
```

```
+     byrow = T,
+     dimnames = list(c("row1","row2"), c("col1","col2","col3","col4"))
+ )
> mat_with_name
     col1 col2 col3 col4
row1    1    2    3    4
row2    5    6    7    8
```

dimnamesという引数に、行名・列名の順にベクトルをリスト形式でまとめたデータを渡してやります。リスト型については後ほど解説します。

6-9　データフレーム

データフレームは、R言語における標準的なデータの形式だといえます。

```
> dataf <- data.frame(
+     X = c(1,2,3,4),
+     Y = c("A", "B", "C", "D")
+ )
> dataf
  X Y
1 1 A
2 2 B
3 3 C
4 4 D
> # 変数の型
> class(dataf)
[1] "data.frame"
```

matrixとは違い、列ごとにデータを渡します。列ごとに異なるタイプのデータ

（この例の場合は数値型と文字列型）のデータを渡しても問題ありません。

細かいテクニックですが、行数と列数を取得するには ncol や nrow といった関数を使います。

```
> # 列数
> ncol(dataf)
[1] 2
> # 行数
> nrow(dataf)
[1] 4
```

特定の列を取り出す場合は、列名称とドル記号($)を使います。

ドル記号は鍵カッコと併用できます。X 列の値を抽出してみましょう。

```
> dataf$X
[1] 1 2 3 4
> dataf$X[1]
[1] 1
```

行列のような形式で取得することもできます。

```
> dataf[1,1]
[1] 1
```

様々なデータを格納でき、データの抽出も簡単なので、データフレームはとてもよく使われます。この使い方にはぜひ慣れておいてください。

行列型のデータでも、データフレームに変換できます。

```
> dataf_by_mat <- as.data.frame(mat)
> dataf_by_mat
  V1 V2
```

```
1  1  5
2  2  6
3  3  7
4  4  8
> class(dataf_by_mat)
[1] "data.frame"
```

列名がついていない場合は V1 など勝手に名称がつくことに注意してください。あらかじめ行列に列名がついていた場合はそれが反映されます。

行列に限らず、データフレーム型に変換できるものはいくつかあります。データの型が悪くてコードが動かない、という場合は、とりあえずデータフレーム型に直してから実行すると動くこともあります。

逆に matrix にしたい、という場合は as.matrix という関数を使うことで変換できます。

```
> as.matrix(dataf)
     X   Y
[1,] "1" "A"
[2,] "2" "B"
[3,] "3" "C"
[4,] "4" "D"
```

行列は同じタイプのデータしか格納できないので、1~4 の数値もすべて文字列型として扱われていることに注意してください。

この『as.〜〜』という変換のパターンはほかのデータ型にもしばしば実装されています。

6-10　リスト

最後はリスト型の説明をします。リスト型はさらに柔軟に、様々なデータを格

納することができます。

リストの中に、今まで作ってきた行列とデータフレームを格納してみました。

```
> li <- list(
+   dataf = dataf,
+   mat = mat
+ )
> li
$dataf
  X Y
1 1 A
2 2 B
3 3 C
4 4 D

$mat
     [,1] [,2]
[1,]    1    5
[2,]    2    6
[3,]    3    7
[4,]    4    8
> # 変数の型
> class(li)
[1] "list"
```

データフレームのように、$記号を使うことで、データを抽出することができます。

```
> li$dataf
  X Y
```

```
  1 1 A
  2 2 B
  3 3 C
  4 4 D
> class(li$dataf)
[1] "data.frame"
```

添え字を使ったデータの抽出方法はやや特殊になり、鍵カッコを 2 つ続けて指定します。

```
> li[[1]]
  X Y
1 1 A
2 2 B
3 3 C
4 4 D
```

6-11　パッケージのインストール

R 言語はそのままでも十分に高機能ですが、機能追加をすることでさらに幅広い分析に対応することができます。

そのためにはパッケージをインストールする必要があります。

この章で使うパッケージは以下のコードを使えば一括でインストールできます。

```
install.packages("xts")
install.packages("forecast")
install.packages("urca")
install.packages("ggplot2")
install.packages("ggfortify")
```

xtsは高機能な時系列データの型を提供するパッケージです。
forecastは時系列モデルの作成と予測のためのパッケージです。
urcaは単位根検定などをするのに使います。
ggplot2、ggfortifyはセットで使うものでして、美麗なグラフを描くことができます。
パッケージのインストールは基本的に1回だけやれば大丈夫です。

次はパッケージの読み込みです。
これはRStudioを立ち上げるたびに実行しなければなりません。

```
library(xts)
library(forecast)
library(urca)
library(ggplot2)
library(ggfortify)
```

6-12　時系列データts型

ここからは本格的に時系列データを扱っていきます。

まずは基本となるts型を説明します。これはRの標準パッケージに含まれる時系列データの型でして、開始時点と「1年に何回データがとられるか」という頻度を指定することができます。ts型のデータでなければ実行できない関数もあります。

例えば、2000年1月から月単位のデータを36個（3年間分）格納してみます。
『freq=12』とすれば月単位のデータとして扱われます。

```
> ts_sample <- ts(1:36, start=c(2000,1), freq=12)
> ts_sample
     Jan Feb Mar Apr May Jun Jul Aug Sep Oct Nov Dec
2000   1   2   3   4   5   6   7   8   9  10  11  12
2001  13  14  15  16  17  18  19  20  21  22  23  24
```

```
2002   25  26  27  28  29  30  31  32  33  34  35  36
```

四半期データですと『freq=4』と指定します。

```
> ts_freq4 <- ts(c(1,4,7,3,9,2,5,3), start=c(2000,1), freq=4)
> ts_freq4
     Qtr1 Qtr2 Qtr3 Qtr4
2000    1    4    7    3
2001    9    2    5    3
```

多変量時系列データを作成する場合は、matrix 型や data.frame 型のデータを引数に入れます。このとき、列名を指定していると、それが引き継がれます。5-7節で作った mat_with_name を引数に入れてみました。

```
> ts_multi <- ts(mat_with_name, start=c(2000,1), freq=12)
> ts_multi
         col1 col2 col3 col4
Jan 2000    1    2    3    4
Feb 2000    5    6    7    8
```

window 関数を使うことで、特定の期間だけを抽出することができます。

```
> window(ts_freq4, start=c(2000,2), end=c(2001,1))
     Qtr1 Qtr2 Qtr3 Qtr4
2000         4    7    3
2001    9
```

Rには様々なサンプルデータが用意されています。例えば、シートベルト法案の有無と交通事故死傷者数の時系列推移を表したデータは以下のようになっています。head 関数を使って先頭行だけを取り出しました。

```
> head(Seatbelts[,], n = 3)
     DriversKilled drivers front rear  kms PetrolPrice VanKilled law
[1,]           107    1687   867  269 9059   0.1029718        12   0
[2,]            97    1508   825  265 7685   0.1023630         6   0
[3,]           102    1507   806  319 9963   0.1020625        12   0
```

多変量時系列データは、鍵カッコを使うことで特定の列のみ抽出します。

```
> Seatbelts[, "front"]
     Jan  Feb  Mar  Apr  May  Jun  Jul  Aug  Sep  Oct  Nov  Dec
1969 867  825  806  814  991  945 1004 1091  958  850 1109 1113
1970 925  903 1006  892  990  866 1095 1204 1029 1147 1171 1299
・・・中略・・・
1983 619  426  475  556  559  483  587  615  618  662  519  585
1984 483  434  513  548  586  522  601  644  643  641  711  721
```

ベクトルを使うことで、複数列を抽出することもできます。

```
> Seatbelts[, c("front", "PetrolPrice")]
         front PetrolPrice
Jan 1969   867  0.10297181
Feb 1969   825  0.10236300
・・・中略・・・
Nov 1984   711  0.11602611
Dec 1984   721  0.11606673
```

forecast パッケージが読み込まれていた場合は、subset 関数を使うことで、特定の月のみを抽出することができます。

```
> subset(Seatbelts[, "front"], month = 3)
```

```
Time Series:
Start = 1969.167
End = 1984.167
Frequency = 1
 [1]  806 1006  840  879  787  724  777  671  616  808  794  720  688  660
[15]  475  513
```

6-13　拡張された時系列データ xts 型

　ts 型は大変簡便に時系列データを定義することができますが、日単位のデータに弱いという欠点があります。

　そこで R 言語では zoo など、時系列データを取り扱う型が様々用意されています。それらを統合したものがここで紹介する xts です。xts の使い方だけ覚えておけば、基本的に不便はしません。

　これは R 言語の標準パッケージではありませんので、6-11 節であらかじめインストールしておく必要があります。

　xts 型データを作る方法は様々ありますが、行名として日付を指定した matrix 型データを引数に入れるのが簡単です。

```
> xts_sample <- as.xts(matrix(
+   c(1,2,3,4,5),
+   dimnames = list(
+     c("2000-01-01","2000-01-02","2000-01-03","2000-01-04","2000-01-05")
+   ),
+   ncol = 1
+ ))
> xts_sample
           [,1]
```

```
2000-01-01    1
2000-01-02    2
2000-01-03    3
2000-01-04    4
2000-01-05    5
```

xts 型はデータの抽出がとても簡単に行えるのが利点です。

日付を指定してデータを取得できます。

```
> xts_sample["2000-01-01"]
           [,1]
2000-01-01    1
```

範囲指定も、コロン記号を使うことで簡単にできます。

```
> # ある日付以降
> xts_sample["2000-01-02::"]
           [,1]
2000-01-02    2
2000-01-03    3
2000-01-04    4
2000-01-05    5
> # 範囲指定
> xts_sample["2000-01-02::2000-01-04"]
           [,1]
2000-01-02    2
2000-01-03    3
2000-01-04    4
```

xts はあまりにも高機能でありここにすべてを記載することはできません。必要に応じて以下のリファレンスも参照してください。

・https://cran.r-project.org/web/packages/xts/xts.pdf

xts の紹介をしておきながら、このようなことを書くのも恐縮ですが、あえて data.frame 型のまま分析するという方法もあります。

data.frame 型は取り扱いが容易で、本書では紹介しませんが、他のパッケージ（dplyr など）を絡めるとデータの抽出・集計処理なども極めて高速にできます。一方「時間」を絡めた集計処理はやはり xts に一日の長があります。

場合に応じて使い分けてください。

6-14　ファイルからのデータ取り込み

次はファイルからのデータ読み込みの方法を説明します。

ファイルからデータを読み込むと、基本的には data.frame 型として読み込まれます。ts 型は引数に data.frame 型をとれるのでそのまま変換ができますが、xts 型は少々工夫が必要となるので、それも併せて解説します。

まずデータの読み込みです。著者の Web サイト(https://logics-of-blue.com/)にサポートページへのリンクが張られていますので、そこからデータをダウンロードしてください。今回は『5-2-1-timeSeries.csv』を使います。

このファイルを任意のフォルダ、例えば「C:¥data」に配置します。以下のコードを実行すれば、CSV ファイルを読み込むことが可能です。

```
> file_data <- read.csv("C:/data/5-2-1-timeSeries.csv")
> file_data
        time data
1 2000-01-01    1
2 2000-01-02    2
3 2000-01-03    3
4 2000-01-04    4
```

```
5 2000-01-05     5
```

ファイルのフルパスをコードで書くのではなく、ファイル選択ダイアログを表示させて選ぶこともできます。

```
file_data_2 <- read.csv(file.choose())
```

あまりよい管理ではありませんが、Excel でデータを管理していて、いちいち CSV ファイルに変換するのが面倒だという方もいるかもしれません。

Excel を開いてデータを選択し、それをコピーしてから以下のコードを実行すると、選択されていた部分の Excel のデータが読み込まれます。『read.delim』はタブ区切りのデータを読み込む関数です。Excel データをコピーするとタブ区切りとして扱われるのを利用しています。

```
file_data_3 <- read.delim("clipboard")
```

ファイルは、先述のように data.frame 型として読み込まれます。

```
> class(file_data)
[1] "data.frame"
```

これを xts 型に変換するには、以下のように『read.zoo』を介するのが簡単です。xts 型にすると、1 列目が時間のラベルとして扱われていることを確認してください。

```
> file_data_xts <- as.xts(
+     read.zoo(file_data)
+ )
> file_data_xts
           [,1]
2000-01-01    1
2000-01-02    2
```

```
2000-01-03    3
2000-01-04    4
2000-01-05    5
```

6-15　グラフ描画

時系列データは、数値をそのまま眺めるのではなく、横軸に時間をとった折れ線グラフを描くことで、その特徴がよりつかみやすくなります。

R言語標準の描画関数が用意されています。Rに組み込みの交通事故死傷者数データ Seatbelts を使いました。

```
plot(
  Seatbelts[, "front"],
  main="イギリスの交通事故死傷者数(前席)",
  xlab="年",
  ylab="死傷者数"
)
```

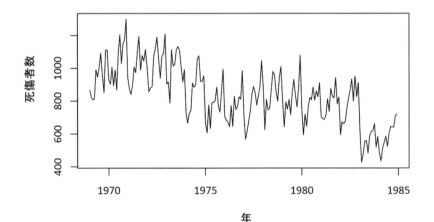

main がグラフのタイトル、xlab が X 軸、ylab が Y 軸の名称を指定する引数となります。

これでも十分にシンプルで可読性の高いグラフですが、ggplot2 と ggfortify パッケージを読み込むことで、さらにきれいなグラフを描くことができます。

以下のように autoplot 関数を使って描画します。基本的な使い方は plot 関数と変わりません。

```
autoplot(
  Seatbelts[, "front"],
  main="イギリスの交通事故死傷者数(前席)",
  xlab="年",
  ylab="死傷者数"
)
```

グラフを描くと、交通事故死傷者数には年単位の周期性がありそうだということ（12月に死傷者数が増えているようです）、1974年と1983年ごろに2回ほど死傷者数が減っているということなどがわかります。

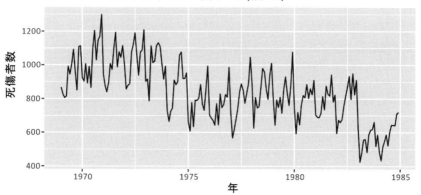

6-16　単位根検定

続いて、データの差分をとる必要があるかどうか、KPSS検定で調べてみます。urca パッケージの ur.kpss 関数を使います。

次の章から、対数変換したデータを対象に分析するため、ここでも対数をとってから検定を行いました。

```
> summary(ur.kpss(log(Seatbelts[, "front"])))

#######################
# KPSS Unit Root Test #
#######################

Test is of type: mu with 4 lags.

Value of test-statistic is: 2.3004

Critical value for a significance level of:
                10pct  5pct 2.5pct  1pct
critical values 0.347 0.463  0.574 0.739
```

有意水準を 5%としたときの棄却点が 0.463 であり、今回のデータの統計量 (2.3004) が棄却点を上回っていることがわかりました。

単位根がないという帰無仮説が棄却されたので、単位根があるとみなすところです。

本来はここで差分をとってからもう一度 KPSS 検定を、という流れになるのですが forecast の ndiffs 関数を使うと、差分をとる回数がすぐにわかります。

1階差分をとればよいということがわかりました。

```
> ndiffs(log(Seatbelts[, "front"]))
[1] 1
```

7章　RによるARIMAモデル

この章からは、いよいよ時系列モデルの作成と予測という時系列分析の最も重要な部分に移ります。

R言語を用いた、時系列データの効率的なハンドリングとモデリングの方法を解説します。

7-1　この章で使うパッケージ

この章で使う外部パッケージの一覧を載せておきます。この章では断りなくこれらの外部パッケージの関数を使用することがあります。パッケージのインストールはすでに行われているとします。

```
library(forecast)
library(tseries)
library(ggplot2)
library(ggfortify)
```

tseries のみ初出です。これは時系列分析のための様々な関数を提供しており、この章では残差の正規性の検定に用います。

7-2　分析の対象

6章でも紹介しましたが、イギリスの交通事故死傷者数のデータ Seatbelts を使用します。

Seatbelts にはいくつかの変数が含まれています。今回使用するのは、以下の変数です。

front：前席における死傷者数

PetrolPrice：ガソリンの値段

law：前席においてシートベルトを装着することを義務付けた法律の施行の有無を表したフラグ。0だと未施工、1で施工済み。1983年の1月31日に施行された。

今後も度々使用するので、前席における死傷者数を保存しておきます。

```
front <- Seatbelts[, "front"]
```

交通事故の死傷者数をモデル化するわけですが、かなり複雑なデータを選んだので、モデルも複雑になります。

まずは季節成分が必須です。毎年 12 月ごろに死傷者数が増えているので、この周期をモデルに組み込みます。

また、ガソリンの値段が高くなると車にあまり乗らなくなり、交通事故死傷者数が減ると考えられます。シートベルト法案についても同様で、交通事故死傷者数を減らす効果があるはずです。

そこで季節成分と外生変数の入った ARIMA モデル、すなわち SARIMAX を使って時系列モデルを構築します。

7-3 対数変換

個数や人数といったデータは対数変換してからモデル化するとうまくモデル化できる傾向があります。法律の施行は例えば「交通事故死傷者数を 0.5 倍にした」など掛け算で表現するほうが自然でもあります。

そのため、今回は対数変換されたデータを対象に分析をすることとします。

対数変換と、対数系列の図示をします。対数をとるには log 関数を使います。図示には forecast パッケージの ggtsdisplay 関数を使いました。データ系列と相関係数(ACF)・偏相関係数(PACF)のコレログラムが各々描かれます。

```
# 対数系列
log_front <- log(front)
# 図示
ggtsdisplay(log_front, main="対数系列")
```

対数変換をすることで、年毎の変動の幅がおよそ均一となりました。

左下の相関係数のグラフを見ると、長期にわたって自己相関が続いていることがわかります。また 12 か月周期で自己相関が大きくなっています。

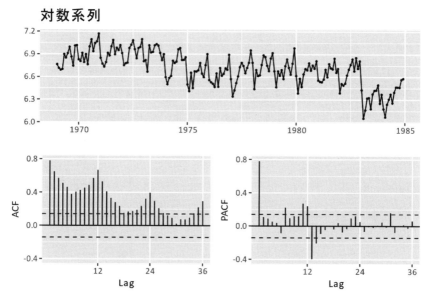

右下の偏自己相関でも、およそ1年単位で大きな偏自己相関がみられます。

7-4　差分系列の作成方法

続いて差分系列の計算方法を説明します。

実装方法はいくつかあります。1つはデータのラグをとって時点をずらす方法です。

```
> # 原系列
> front
      Jan  Feb  Mar  Apr  May  Jun  Jul  Aug  Sep  Oct  Nov  Dec
1969  867  825  806  814  991  945 1004 1091  958  850 1109 1113
・・・中略・・・
1984  483  434  513  548  586  522  601  644  643  641  711  721
> # ラグをとった
> lag(front, -1)
```

```
       Jan  Feb  Mar  Apr  May  Jun  Jul  Aug  Sep  Oct  Nov  Dec
1969        867  825  806  814  991  945 1004 1091  958  850 1109
1970 1113  925  903 1006  892  990  866 1095 1204 1029 1147 1171
・・・中略・・・
1984  585  483  434  513  548  586  522  601  644  643  641  711
1985  721
```

lag(front, -1)とすると、時点が一つ未来にずれていることがわかります。あとは、ラグをとったデータを、原系列から引けば差分系列が手に入ります。

```
> front - lag(front, -1)
       Jan  Feb  Mar  Apr  May  Jun  Jul  Aug  Sep  Oct  Nov  Dec
1969       -42  -19    8  177  -46   59   87 -133 -108  259    4
1970 -188  -22  103 -114   98 -124  229  109 -175  118   24  128
・・・中略・・・
1984 -102  -49   79   35   38  -64   79   43   -1   -2   70   10
```

もっと簡単にdiff関数を使う方法もあります。lag=1は実は設定不要で、デフォルトで1が入ります。

```
> diff(front, lag=1)
       Jan  Feb  Mar  Apr  May  Jun  Jul  Aug  Sep  Oct  Nov  Dec
1969       -42  -19    8  177  -46   59   87 -133 -108  259    4
1970 -188  -22  103 -114   98 -124  229  109 -175  118   24  128
・・・中略・・・
1984 -102  -49   79   35   38  -64   79   43   -1   -2   70   10
```

最後に、対数差分系列を作成して、図示します。

```
# 対数差分系列
```

```
log_diff <- diff(log_front)
# 図示
ggtsdisplay(log_diff, main="対数差分系列")
```

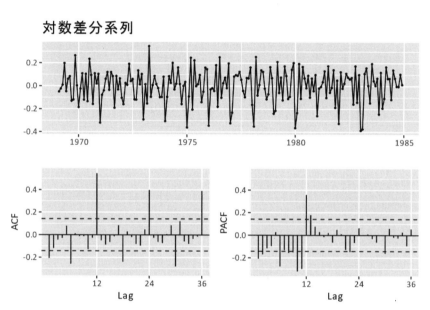

差分系列は、長期にわたって平均値が変化せず、単位根がなくなっていることがグラフからも見て取れます。短期の自己相関は減りましたが、不規則に絶対値の大きな自己相関があります。1年(12か月)単位での自己相関も目立ちます。

7-5　季節成分の取り扱い

1年単位での自己相関が目立ちましたので、季節成分があることは疑いようがありません。forecast パッケージの ggsubseriesplot 関数を用いて、月ごとに分けたグラフを描いてみます。

```
ggsubseriesplot(front)
```

原系列を対象としているので、12月（Dec）が最も交通事故死傷者数が多い月

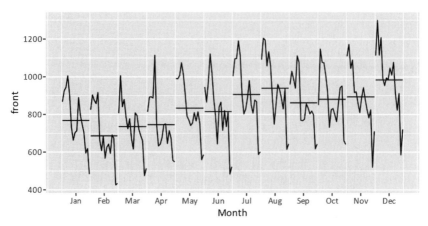

であることがわかります。

次は、季節差分をとってみます。

```
> frequency(front)
[1] 12
> diff(front, lag=frequency(front))
      Jan  Feb  Mar  Apr  May  Jun  Jul  Aug  Sep  Oct  Nov  Dec
1970   58   78  200   78   -1  -79   91  113   71  297   62  186
・・・中略・・・
1984 -136    8   38   -8   27   39   14   29   25  -21  192  136
```

1年におけるデータの頻度はfrequency(front)で求められるため、その値をlagに入れておきました。

1970年の1月の季節差分データは「1970年1月原系列データ(925) －1969年1月原系列データ(867)」から計算されます。

次は対数差分系列に対して、さらに季節差分をとってみました。

```
# 対数差分系列に、さらに季節差分をとる
seas_log_diff <- diff(log_diff, lag=frequency(log_diff))
# 図示
```

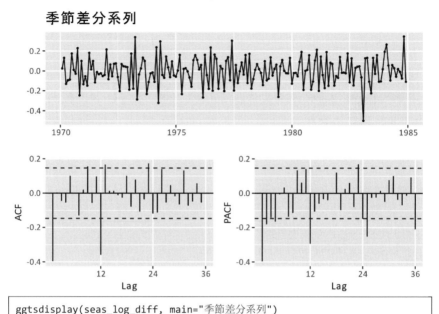

```
ggtsdisplay(seas_log_diff, main="季節差分系列")
```

12か月単位の自己相関が大きく残ったままとなっています。季節階差をとったからといって、季節の影響をすべて取り除けるわけではないようです。

細かいところですが、差分をとると、データが少なくなることに注意してください。季節差分データは前年のデータを計算に必要とするため、最初の年(1969年)は差分系列が計算できません。その分だけデータが切り落とされることになります。前月に対する差分も同様にデータが1つ減ります。

7-6　自己相関とコレログラム

コレログラムはたびたび図示してきましたが、自己相関を数値で得たいこともあります。自己相関ならば acf 関数を使えば計算ができます。
なお、acf 関数は、標準だと勝手にグラフ描画されてしまうので plot=F としました。

```
> acf(seas_log_diff, plot=F, lag.max=12)
```

```
Autocorrelations of series 'seas_log_diff', by lag

0.0000 0.0833 0.1667 0.2500 0.3333 0.4167 0.5000 0.5833 0.6667 0.7500
 1.000 -0.396  0.004 -0.045 -0.055  0.101  0.002 -0.129  0.020  0.156
0.8333 0.9167 1.0000
-0.056  0.097 -0.359
```

やや見難いので自己相関の値は太字にし、下線を引いておきました。標準だと1年周期でラグが1となるので、ヘッダーが少々分かりにくくなっています。

結果は載せませんが、偏相関係数を求める場合は pacf 関数を使います。

```
pacf(seas_log_diff, plot=F, lag.max=12)
```

自己相関だけを図示したい場合は、以下のように acf で計算された結果を autoplot の引数に入れて実行します。こちらも結果は省略します。

```
autoplot(
  acf(seas_log_diff, plot=F),
  main="対数系列のコレログラム"
)
```

7-7　訓練データとテストデータに分ける

予測の評価のために、訓練データとテストデータに分割します。
　また、あらかじめ対数変換もしておくこととします。ARIMA モデルは内部で勝手に差分をとってくれるので、差分系列は使いません。

まずは対数変換したデータを作ります。法律の施行はフラグなのでこれだけは対数変換しません。変換したデータは Seatbelts_log に格納しました。

```
Seatbelts_log <- Seatbelts[,c("front", "PetrolPrice", "law")]
Seatbelts_log[,"front"] <- log(Seatbelts[,"front"])
```

```
Seatbelts_log[,"PetrolPrice"] <- log(Seatbelts[,"PetrolPrice"])
```

最後の1年（1984年）をテストデータ。それより前を訓練データとします。
```
train <- window(Seatbelts_log, end=c(1983,12))
test <- window(Seatbelts_log, start=c(1984,1))
```

今回のモデルは予測対象である応答変数が front であり、それ以外（石油価格と法律の施行の有無）は説明変数となります。
説明変数だけ使いやすく切り出しておきます。
```
petro_law <- train[, c("PetrolPrice", "law")]
```

7-8　ARIMA モデルの推定

いよいよモデル化です。いろいろの方法があるのですが、ここでは forecast パッケージの Arima 関数を使いました。
```
model_sarimax <- Arima(
  y = train[, "front"],
  order = c(1, 1, 1),
  seasonal = list(order = c(1, 0, 0)),
  xreg = petro_law
)
```

y が応答変数の指定です。
order は SARIMA(*p,d,q*) (*P,D,Q*)における(*p,d,q*)の次数を設定します。
seasonal は季節成分の次数(*P,D,Q*)を設定します。
xreg は説明変数の指定です。
なお、次数は暫定的なものであることに注意してください。

計算結果は以下のようになります。
```
> model_sarimax
```

```
Series: train[, "front"]
Regression with ARIMA(1,1,1)(1,0,0)[12] errors


Coefficients:
         ar1      ma1     sar1  PetrolPrice      law
      0.2589  -0.9503   0.6877      -0.3464  -0.3719
s.e.  0.0826   0.0303   0.0548       0.0955   0.0467


sigma^2 estimated as 0.009052:   log likelihood=165.33
AIC=-318.66   AICc=-318.18   BIC=-299.54
```

簡単に予測モデルが組めました。

計算結果は主に Coefficients を確認します。こちらに各係数の値とその係数の標準誤差が記されています。

PetrolPrice（石油価格）と law（法律の施行の有無）の係数が負であることがわかります。すなわち石油価格が上がると交通事故死傷者数は減ります。法律が施行されると、やはり交通事故死傷者数は減るということです。

また AIC なども出力されています。これを見てモデル選択をします。

7-9　補足：差分系列と ARIMA の次数の関係

次からは最適なモデルの次数を選ぶ作業に移ります。

基本的にはモデルの次数を変えるだけで挙動を変化させることができるのですが、中で何が行われているか理解するために、少々手を動かして仕組みを確認してみます。

まずは差分系列と ARIMA の次数の関係を確認します。計算の簡単のため外生変数と定数項は入れません。include.mean = F は定数項を入れない指定です。

7-9 補足:差分系列と ARIMA の次数の関係

差分系列に対して ARIMA(1,0,0)を推定したときの係数を求めます(出力結果は一部省略しています)。

```
> Arima(
+    y = log_diff, order =c(1, 0, 0),
+    include.mean = F
+ )
          ar1
      -0.2058
s.e.   0.0706
```

これは、実質 ARIMA(1,1,0)であることを確認してください。推定された係数の値はまったく同じになっています(データによっては丸め誤差などでわずかに値が変わることもあります)。

```
> Arima(
+    y = log_front, order =c(1, 1, 0)
+ )
          ar1
      -0.2058
s.e.   0.0706
```

続いて、SARIMA と季節差分の関係を確認します。

対数差分系列に対してさらに季節差分を入れたデータに ARIMA(1,0,0)を適用します。

```
> Arima(
+    y = seas_log_diff, order =c(1, 0, 0),
+    include.mean = F
+ )
```

```
         ar1
      -0.3951
s.e.   0.0685
```

このモデルは実質 ARIMA(1,1,0)(0,1,0)であることを確認してください。

```
> Arima(
+   y = log_front, order =c(1, 1, 0),
+   seasonal = list(order = c(0, 1, 0))
+ )

         ar1
      -0.3951
s.e.   0.0685
```

応答変数には対数系列を使用しています。差分は取っていませんが、内部では差分が勝手に行われていることをまずは覚えておいてください。

また SARIMA モデルが季節差分の拡張となっていることも理解しておいてください。

7-10　自動モデル選択 auto.arima 関数

続いて、モデルの次数を決定する作業に移ります。

モデルの次数をひたすら変えて AIC を計算するわけですが、これを一つ一つ人間がやると時間がかかってしまいますので、自動モデル選択関数である、forecast パッケージの auto.arima 関数を使います。

なお、このコードを実行するのに、著者の PC では数分の時間がかかりました。少し動きが止まるように見えますが、待つと結果が出てきます。

```
sarimax_petro_law <- auto.arima(
  y = train[, "front"],
  xreg = petro_law,
```

```
  ic = "aic",
  max.order = 7,
  stepwise = F,
  approximation = F,
  parallel = T,
  num.cores = 4
)
```

ic="aic"は、AICを使ってモデル選択するという指定です。ほかにも aicc や bic があります。本書では一貫してAICを使います。

max.order は SARIMA(p,d,q) (P,D,Q)における $p+q+P+Q$ の最大値です。ここを増やすほど複雑なモデルを候補に入れてモデル選択することができます。

stepwise=F、approximation=F は共に「計算量をケチらない」という指定です。stepwise を T にすると候補となる次数の組み合わせが減ります。approximation が T だった場合は毎回の計算において近似的な手法を使うことで計算速度を上げます。特に approximation が T になっていると誤った結果が出やすいように思います。時間や計算資源に余裕がある時は共に F としたほうが良いでしょう。

計算に時間がかかるので、並列化演算を行わせています。その指定が parallel=T です。num.cores=4 とすることで、4コアで並列処理が行えます。この数値はお手持ちの PC に合わせて変えてください。

コア数を調べるには、Windows をお使いの方はコマンドプロンプトを起動して、「set NUMBER_OF_PROCESSORS」というコマンドを打ちます。

並列化させると早くなるのですが、CPU の使用率が100%に振り切れることもよくあるので、注意してください。なお、次数はある程度固定してやることも可能です。詳しくは『?auto.arima』としてヘルプを参照してください。

計算結果はこちらです。かなり次数の大きいモデルが選ばれました。

```
> sarimax_petro_law
Series: train[, "front"]
```

```
Regression with ARIMA(2,1,3)(2,0,0)[12] errors

Coefficients:
          ar1      ar2      ma1     ma2      ma3     sar1    sar2
      -0.2534  -0.7721  -0.5444  0.6034  -0.8566  0.5057  0.2696
s.e.   0.0941   0.0771   0.0721  0.0726   0.0474  0.0774  0.0838
      PetrolPrice      law
       -0.3983      -0.3833
s.e.    0.0850       0.0446

sigma^2 estimated as 0.008334:   log likelihood=172.81
AIC=-325.62    AICc=-324.31    BIC=-293.75
```

7-11 定常性・反転可能性のチェック*

続いてモデルの評価に移ります。まずは定常性と反転可能性をチェックします。

実はこのチェックは auto.arima の中で行われているので、やる必要はありません。今回は勉強のためにあえて確認します。

特性方程式の解の絶対値を求めるコードは以下の通りです。

```
> abs(polyroot(c(1,-coef(sarimax_petro_law)[c("ar1", "ar2")])))
[1] 1.138039 1.138039
```

polyroot が多項式の根を求める関数です。それに abs 関数を使って絶対値を求めました。

すべて1よりも大きな値となっていることを確認してください。

同様に MA 項や季節差分の AR 項をチェックします。MA 項の反転可能条件は AR 項の定常条件の特性方程式とは正負の符号が逆になっていることに注意して

ください。

```
> # MA 項
> abs(polyroot(c(1,coef(sarimax_petro_law)[c("ma1", "ma2", "ma3")])))
[1] 1.032009 1.032009 1.096142
> # Seasonal AR 項
> abs(polyroot(c(1,-coef(sarimax_petro_law)[c("sar1","sar2")])))
[1] 1.204363 3.080108
```

7-12　残差のチェック

続いて残差のチェックです。まずは残差の自己相関の検定を行います。forecast パッケージの checkresiduals 関数を使います。

```
> checkresiduals(sarimax_petro_law)

        Ljung-Box test

data:  Residuals from Regression with ARIMA(2,1,3)(2,0,0)[12] errors
Q* = 18.016, df = 15, p-value = 0.2618

Model df: 9.   Total lags used: 24
```

p-value>0.05 であるため、有意な自己相関は見られませんでした。チェックはパスしたことになります。繰り返しになりますが「明らかな問題がない」ことの確認であって、良いモデルであることの保証ではないことに注意してください。

この関数は検定をするだけでなく、残差の図示もしてくれます。

3 分割された上のグラフが残差系列、左下が残差のコレログラム、右下が残差のヒストグラムです。異常に突出した残差などの問題がないことを確認します。

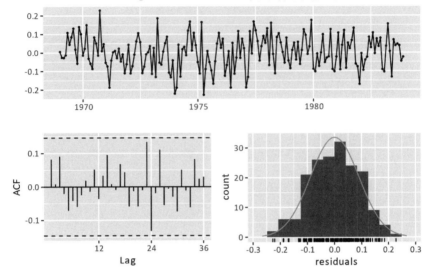

次は残差の正規性の検定です。tseries パッケージの jarque.bera.test を使います。残差は resid 関数を使えば取得できます。

```
> jarque.bera.test(resid(sarimax_petro_law))

        Jarque Bera Test

data:  resid(sarimax_petro_law)
X-squared = 1.1733, df = 2, p-value = 0.5562
```

こちらも正規分布と有意に異なっているとは言えない、という結果となりました。チェックにはパスしたということです。

もちろん p 値だけでなく checkresiduals で出力される残差のヒストグラムも確認してください。今回は問題なさそうですので、これでモデルの同定を終わります。

7-13 ARIMA による予測

同定されたモデルを使って予測をします。予測精度の評価にはテストデータを使うことに注意してください。説明変数のデータを作ったうえで、forecast パッケージの forecast 関数を使って予測します。

```
petro_law_test <- test[, c("PetrolPrice", "law")]
sarimax_f <- forecast(
  sarimax_petro_law,
  xreg = petro_law_test,
  h = 12,
  level = c(95, 70)
)
```

h = 12 で、12 時点先まで予測します。
level = c(95, 70) は、95%・70%予測区間も併せて出力するという指定です。

結果はこちら。

```
> sarimax_f
         Point Forecast    Lo 70    Hi 70    Lo 95    Hi 95
Jan 1984      6.108092  6.013475 6.202709 5.929165 6.287019
Feb 1984      6.126046  6.029515 6.222577 5.943500 6.308592
・・・中略・・・
Nov 1984      6.307394  6.203627 6.411160 6.111164 6.503623
Dec 1984      6.394788  6.290915 6.498662 6.198356 6.591220
```

予測結果を図示します。

```
autoplot(sarimax_f, predict.colour=1, main = "ARIMA による予測")
```

季節変動もうまくとらえられていることに注目してください。

この予測には 1 つ問題があります。

ARIMAによる予測

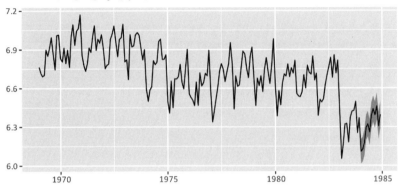

それは「将来の石油価格がわかっている前提で予測を出している」ことです。もちろん未来の価格はわからないので、何らかの値で代用する必要があります。

そこで、過去の石油価格の平均値を予測に使ったバージョンを作りました。

rep 関数は繰り返し同じ値を出力する関数です。rep(1, 12)とすると、1 が 12 回連続で出てきます。平均をとるのには mean 関数を使います。

```
petro_law_mean <- data.frame(
  PetrolPrice=rep(mean(train[, "PetrolPrice"]),12),
  law=rep(1, 12)
)
sarimax_f_mean <- forecast(sarimax_petro_law, xreg=petro_law_mean)
```

また、直近（予測期間の前時点なので、1983 年 12 月）の石油価格を使った予測値も出しておきます。tail 関数で末尾の値を抽出できます。

```
petro_law_tail <- data.frame(
  PetrolPrice=rep(tail(train[, "PetrolPrice"], n=1),12),
  law=rep(1, 12)
)
sarimax_f_tail <- forecast(sarimax_petro_law, xreg=petro_law_tail)
```

7-14 ナイーブ予測

続いて、比較対象としてのナイーブ予測による予測値を求めます。
ナイーブ予測として、以下の 2 つを共に計算してみます。
① 過去の平均値を予測値として出す
② 前時点の値を予測値として出す

過去の平均値を予測値とする場合は、forecast パッケージの meanf 関数を使うのが簡単です。『mean(train[, "front"])』としても同じ結果となります。

```
naive_f_mean <- meanf(train[, "front"], h = 12)
```

前時点の値を予測値として出す場合は、訓練データの最後の日付である「1983 年 12 月」時点の交通事故死亡者数が将来の予測値となります。forecast パッケージの rwf 関数を使います。『tail(train[, "front"], n = 1)』としても同じ結果となります。

```
naive_f_latest <- rwf(train[, "front"], h = 12)
```

7-15 予測の評価

最後に予測精度の評価です。RMSE は以下のようにすれば計算ができます。

```
> sarimax_rmse <- sqrt(
+   sum((sarimax_f$mean - test[, "front"])^2) /
+     length(sarimax_f$mean)
+ )
> sarimax_rmse
[1] 0.1014039
```

forecast パッケージの accuracy 関数を使うともっと簡単です。引数に予測値とテストデータを入れることで、RMSE などを自動で計算してくれます。

```
> accuracy(sarimax_f, x=test[, "front"])
                      ME         RMSE        MAE        MPE        MAPE
Training set 0.0006612068 0.08871887 0.07204695 -0.005412872 1.073511
Test set     0.0595009955 0.10140393 0.06833459  0.915385040 1.060841
                  MASE       ACF1    Theil's U
Training set 0.6552328 0.08178977        NA
Test set     0.6214707 0.18819478   1.064074
```

Training set が訓練データの当てはめ精度、Test set がテストデータの予測精度です。当てはめ精度よりも予測精度が悪くなっている(RMSE が大きい)ことに注意してください。この差が大きすぎるようだと問題です。

指標がかなりたくさんありますが、ここでは Test set の RMSE のみに着目します（太字の下線にしておきました）。

テストデータの RMSE のみを抽出するには以下のようにします。

```
> accuracy(sarimax_f, x=test[, "front"])["Test set", "RMSE"]
[1] 0.1014039
```

石油価格がわかっていないバージョンの予測精度を求めます。

```
> # 石油価格の平均値を使用
> accuracy(sarimax_f_mean, x=test[, "front"])["Test set", "RMSE"]
[1] 0.0817616
> # 直近の石油価格を使用
> accuracy(sarimax_f_tail, x=test[, "front"])["Test set", "RMSE"]
[1] 0.10528
```

ナイーブ予測の RMSE を求めます。

```
> # ナイーブ予測① 過去の平均値
```

```
> accuracy(naive_f_mean, x=test[, "front"])["Test set", "RMSE"]
[1] 0.3949872
> # ナイーブ予測①　直近の値
> accuracy(naive_f_latest, x=test[, "front"])["Test set", "RMSE"]
[1] 0.1498196
```

石油価格の平均値を使用した予測値の RMSE がおよそ 0.0818、直近の石油価格を使ったものは 0.1053 ほどでした。共にナイーブ予測を上回っているようです。

これで分析終了です。短期の自己相関や季節性など様々な要因がある複雑なデータでも、SARIMAX を使うことでモデル化ができました。

7-16　発展：非定常過程系列への分析

Box-Jenkins 法では、非定常過程に従うデータを分析するとき、その差分系列に対して ARMA モデルを適用するという枠組みを用いていました。しかし差分系列をとることは無条件に支持してよい手法ではありません。

定常過程に従う原系列などに対して差分をとると、時系列データの情報が一部損なわれてしまうことが知られています。この問題を過剰差分と呼びます。

過剰差分を解決する方法はいくつかあります。

そのうちの一つが自己回帰実数和分移動平均モデル(AutoRegressive Fractionally Integrated Moving Average model：ARFIMA モデル)です。

ARFIMA モデルでは、名前の通り(小数点以下を許す)実数で差分の階数を指定することができるため、過剰差分の問題を解消することができます。

ランダムウォーク系列は過去の原系列の値の持つ影響がなくならないという特徴がありました(3 章 4 節を参照)。実数和分を持つ系列にも同じことが言えます。そのため ARFIMA モデルは長期記憶を持つ時系列モデルだとみなすことができます。

もう一つの解決策が、そもそも差分をとらずに、非定常過程に従うデータをそのまま分析する手法を使うことです。

こちらの代表的な手法が、状態空間モデルです。第4部以降で解説します。

また、時系列モデルの構築を、単なる曲線フィッティングの問題ととらえた分析手法もあります。トレンドや季節性などの時系列データの構造を組み込んだ(非線形項も含めた)回帰式を予測モデルとして使用します。

こちらはデータ生成過程を推定するという、時系列分析の基本的な考え方とはやや異なる、応用的な手法といえるため本書では解説しませんが、有力な枠組みです。R言語ではprophetと呼ばれるライブラリを用います。

第3部　　時系列分析のその他のトピック

　ここでは大きなフレームワークから外れて、時系列データを分析する際に現れる個別のトピックについて解説していきます。

　各章の内容は以下の通りです。
　1章：時系列データへ回帰分析を行う際の問題とその解決策
　2章：VAR モデルと呼ばれる多変量時系列モデルの解釈と実装方法
　3章：分散が変動するモデルの解釈と実装方法

1章　見せかけの回帰とその対策

　ここでは、やや趣向を変えて、統計学でおなじみの回帰分析に焦点を当てて解説していきます。

　回帰分析は大変に便利な手法ですが、時系列データに適用した場合、思わぬ問題を引き起こすことがあります。

　まずは、素朴な線形回帰分析を時系列データに適用した場合に発生する問題「見せかけの回帰」を説明したうえで、それへの対策を説明します。

1-1　この章で使うパッケージ

　この章で使う外部パッケージの一覧を載せておきます。この章では断りなくこれらの外部パッケージの関数を使用することがあります。パッケージのインストールはすでに行われているとします。

```
library(urca)
library(lmtest)
library(prais)
library(ggplot2)
library(ggfortify)
library(gridExtra)
```

1-2　ホワイトノイズへの回帰分析

　まったく関係の無いデータ同士を回帰分析にかけると、有意な係数は得られないはずです。

　ここでは、正規分布に従うホワイトノイズを複数発生させて、回帰分析を実行してみます。

```
# 一回のシミュレーションにおけるサンプルサイズ
n_sample <- 400
```

1-2 ホワイトノイズへの回帰分析

```
# 乱数の種
set.seed(1)

# シミュレーションデータの作成
y_wn <- rnorm(n = n_sample)
x_wn <- rnorm(n = n_sample)
```

サンプルサイズが400であるホワイトノイズを2つ作りました。`set.seed` とは乱数の種と呼ばれるものです。`rnorm` という関数でランダムなシミュレーションデータを作成するのですが、この結果は文字通り「ランダム」に決まるため、実行するたびに結果が変わります。しかし、乱数の種を設定しておくと、ランダムではあるものの、乱数の種が同じである限り同じデータが出現するようになります。

この2つの変数を回帰分析にかけます。

```
# モデルの構築
mod_ols_wn <- lm(y_wn ~ x_wn)
```

`lm` 関数が、線形回帰分析を実行する関数です。応答変数をチルダ「~」の左に、説明変数を右側に設定します。

`summary` 関数を使って、計算結果を確認します。

```
> summary(mod_ols_wn)
Call:
lm(formula = y_wn ~ x_wn)
Residuals:
     Min      1Q   Median      3Q     Max
-2.91553 -0.60756 -0.06449  0.65797  2.64718
Coefficients:
```

```
                Estimate Std. Error t value Pr(>|t|)
(Intercept)     0.03993   0.04862   0.821   0.412
x_wn            0.02605   0.04500   0.579   0.563


Residual standard error: 0.9704 on 398 degrees of freedom
Multiple R-squared:  0.0008414,     Adjusted R-squared:  -0.001669
F-statistic: 0.3352 on 1 and 398 DF,  p-value: 0.563
```

Residuals は残差の最大値・最小値などを出力しています。

Coefficients が推定された係数の一覧が出力された表です。x_wn の行を見ると、左から順に推定値（Estimate）、標準誤差（Std. Error）、t 値（t value）そして帰無仮説を「係数が 0 である」としたときの p 値（Pr(>|t|)）となります

x_wn にかかる係数の p 値は 0.563 であり、有意な回帰係数は得られないという結果となりました。

当然といえば当然の結果です。

なお、summary 関数には決定係数 R^2（Multiple R-squared）や自由度調整済み決定係数（Adjusted R-squared）なども出力されています。これがとても小さな値となっており、説明力がほとんどないモデルとなっていることを確認してください。

1-3　単位根のあるデータ同士の回帰分析

次は単位根のあるデータを対象に回帰分析を実行してみます。
ホワイトノイズの累積和として、ランダムウォーク過程をシミュレートします。

```
# 乱数の種
set.seed(1)


# ランダムウォークするデータ
y_rw <- cumsum(rnorm(n = n_sample))
```

1-3 単位根のあるデータ同士の回帰分析

```
x_rw <- cumsum(rnorm(n = n_sample))
```

cumsum は累積和をとる関数です。「1，2，3」の累積和は「1，1＋2，1＋2＋3」すなわち「1，3，6」となります。

このデータに対して回帰分析を実行してみます(余計な出力は省略します)。

```
> # モデルの構築
> mod_ols_rw <- lm(y_rw ~ x_rw)
> # 結果の表示
> summary(mod_ols_rw)
Coefficients:
            Estimate Std. Error t value Pr(>|t|)
(Intercept)  5.40661    0.29876   18.10   <2e-16 ***
x_rw        -0.28189    0.01738  -16.22   <2e-16 ***
---
Signif. codes:  0 '***' 0.001 '**' 0.01 '*' 0.05 '.' 0.1 ' ' 1


Residual standard error: 3.622 on 398 degrees of freedom
Multiple R-squared:  0.398,	Adjusted R-squared:  0.3965
F-statistic: 263.1 on 1 and 398 DF,  p-value: < 2.2e-16
```

p 値が<2e-16、すなわち 10 の－16 乗よりも小さいという極めて小さな値になっていることに注目してください。有意な回帰係数が得られてしまいました。

また決定係数も 0.4 近くとなっており、比較的大きな値となっています。

まったく何の関係もない、2 つのランダムウォーク系列を回帰分析にかけると、有意な回帰係数が得られ、かつ比較的高い説明力を有したモデルが推定されてしまいました。両者には何らかの関係性があると考察できる状況です。

もちろんこれは「誤った結論」です。

明らかに何の関係性もないデータ同士を回帰分析にかけたのに、なぜか有意な

回帰係数が得られてしまう現象を「見せかけの回帰」と呼びます。時系列データへ回帰分析をした際にはしばしばみられる問題です。

どのような回帰直線が引かれたのか、図示して確認をしてみます。
まずは、ホワイトノイズに対する回帰分析のグラフから作ります（このコードを実行しても、グラフは表示されません）。

```r
# データの整形
df_wn <- data.frame(x_wn = x_wn, y_wn = y_wn)
# ggplot2 による図示
p_wn <- ggplot(df_wn, aes(x=x_wn, y=y_wn)) + # 外枠
  geom_point() +                             # 散布図の追加
  geom_smooth(method = "lm", colour=1) +     # 回帰直線の追加
  ggtitle("White-Noise")                     # グラフタイトル
```

ggplot2 パッケージを使ってグラフを描きました。データを data.frame に整形してから描画します。

ggplot2 は少し特徴的な書き方をします。外枠を定義した後に、散布図や回帰直線などを「＋」記号を使って足し合わせていくイメージです。autoplot よりも面倒ですが、複雑なグラフを描くのには適しています。

同様に、ランダムウォークに対する回帰分析のグラフを作ります。データの中身を変えただけです。

```r
# データの整形
df_rw <- data.frame(x_rw = x_rw, y_rw = y_rw)
# ggplot2 による図示
p_rw <- ggplot(df_rw, aes(x=x_rw, y=y_rw)) + # 外枠
  geom_point() +                             # 散布図の追加
  geom_smooth(method = "lm", colour=1) +     # 回帰直線の追加
  ggtitle("Random-Walk")                     # グラフタイトル
```

これを並べて描画します。`ggplot` により作られたグラフを並べる場合は、`gridExtra` パッケージの `grid.arrange` 関数を使います。`ncol=2` とすることで、2列にグラフを並べました。

```
grid.arrange(p_wn, p_rw, ncol=2)
```

ホワイトノイズ同士の散布図は、データがきれいにばらついています。一方のランダムウォーク系列同士の散布図は狭い箇所にデータが固まっており、ホワイトノイズと明らかに異なる形状をしていることがわかります。

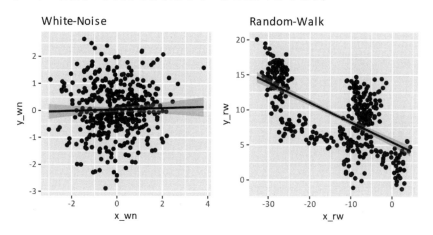

1−4　定常 AR 過程への回帰分析

次は、単位根過程ではなく、定常 AR 過程に従うシミュレーションデータを作成して、回帰分析を実行してみます。

まずはシミュレーションデータを作ります。

```
# 乱数の種
set.seed(2)
# 定常 AR 過程に従うデータ
```

```
y_ar <- arima.sim(
  n = n_sample,
  model = list(order = c(1,0,0), ar = c(0.8))
)
x_ar <- arima.sim(
  n = n_sample,
  model = list(order = c(1,0,0), ar = c(0.8))
)
```

arima.sim は、ARIMA 過程に従うシミュレーションデータを作成する関数です。これは R の標準の関数です。モデルとしては、ARIMA(1,0,0)ですので、実質 AR モデルを指定してあることになります。係数は 0.8 としてあるので、正の相関があるデータが出力されます。

回帰分析を実行した結果はこちらです。

```
> # モデルの構築
> mod_ols_ar <- lm(y_ar ~ x_ar)
> # 結果の表示
> summary(mod_ols_ar)
Coefficients:
             Estimate Std. Error t value Pr(>|t|)
(Intercept)  0.47574    0.08906   5.342 1.55e-07 ***
x_ar        -0.13483    0.04938  -2.731   0.0066 **
---
Signif. codes:  0 '***' 0.001 '**' 0.01 '*' 0.05 '.' 0.1 ' ' 1


Residual standard error: 1.754 on 398 degrees of freedom
Multiple R-squared:  0.01839,    Adjusted R-squared:  0.01592
```

```
F-statistic: 7.456 on 1 and 398 DF,  p-value: 0.006604
```

こちらも p 値が `0.0066` となり、有意な回帰係数が得られてしまいました。これも見せかけの回帰です。

1-5　残差の自己相関と見せかけの回帰

　見せかけの回帰が発生してしまう大きな理由が「残差に自己相関がある」ことです。

　残差に自己相関があると、最小二乗推定量における有効性が失われることが知られています。すなわち推定されたパラメタが「最も分散が小さい推定量である」という保証が得られなくなってしまうということです。

　一般的に、残差に対して正の自己相関があった場合、以下の問題が発生します。
- 係数の分散を過小推定してしまう
- 決定係数 R^2 が過大となる
- 係数の t 検定が使えなくなる

　ARIMA モデルを推定した際、うまくモデル化できた時には、有意な残差の自己相関は見られませんでした。残差の自己相関があるということは「まだモデルに組み込むことができていない時系列データの構造が残っている」ということです。モデルの同定を誤った帰結として、得られたモデルの解釈も誤ったものになりました。

1-6　Durbin-Watson 検定

　残差の自己相関が悪さをするということがわかりました。
　次は、残差の自己相関の有無を調べる方法を説明します。

　線形回帰分析の結果に対して自己相関の有無を検定する場合は、Durbin-Watson 検定（DW 検定）を使用することが多いです。

DW 統計量は以下のように定義されます。ただしサンプルサイズは T とします。

$$DW = \frac{\sum_{t=2}^{T}(\hat{u}_t - \hat{u}_{t-1})^2}{\sum_{t=1}^{T}\hat{u}_t^2} \tag{3-1}$$

なお、$\hat{u}_t$ は、以下の回帰式の残差です。

$$y_t = \beta_0 + \beta_1 x_t + u_t \tag{3-2}$$

残差の 1 次の自己相関が 0 であった場合は、DW 統計量はおよそ 2 になることが知られています。DW 統計量が 2 からどれほど離れているかを確認すれば、残差の自己相関の有無について、おおよその検討がつきます。

なお、(3-2)式では単回帰の残差を求めていましたが以下のように、r 個の説明変数を持つ重回帰分析の場合でも DW 検定を使うことは可能です。

$$y_t = \beta_0 + \sum_{k=1}^{r} \beta_k x_{k,t} + u_t \tag{3-3}$$

R を使って、DW 統計量を計算してみます。ランダムウォーク系列に対する DW 統計量を求めます。

```
> # DW 統計量
> resid_ols <- mod_ols_rw$residuals
> dw <- sum(diff(resid_ols)^2) / sum((resid_ols)^2)
> dw
[1] 0.08021259
```

resid_ols が、回帰式の残差であり、先の式では $\hat{u}_t$ に当たります。

DW 統計量が 2 よりもかなり小さな値となったので、自己相関がありそうだということがわかります。

サンプルサイズと推定されたパラメタ数がわかれば、棄却点が計算できるため、DW 統計量から残差の自己相関の検定を行うことができます。

なお、DW 検定の帰無仮説は「自己相関が 0 である」です。

R では lmtest パッケージの dwtest 関数を使えば検定ができます。

```
> # ホワイトノイズ
> dwtest(mod_ols_wn)

        Durbin-Watson test

data:  mod_ols_wn
DW = 2.0935, p-value = 0.8261
alternative hypothesis: true autocorrelation is greater than 0


> # ランダムウォーク
> dwtest(mod_ols_rw)

        Durbin-Watson test

data:  mod_ols_rw
DW = 0.080213, p-value < 2.2e-16
alternative hypothesis: true autocorrelation is greater than 0


> # AR(1)過程
> dwtest(mod_ols_ar)

        Durbin-Watson test

data:  mod_ols_ar
DW = 0.3874, p-value < 2.2e-16
alternative hypothesis: true autocorrelation is greater than 0
```

ランダムウォーク系列とAR(1)過程に従うデータへ回帰分析を行うと、帰無仮説が棄却され、有意な自己相関がみられることがわかりました。

1-7　シミュレーションによる見せかけの回帰

　見せかけの回帰が、どのくらいの頻度で発生するのか、シミュレーションで確認してみます。

まずは、回帰分析の結果から、どのようにしてp値を取得すればよいかを説明します。いろいろの方法があるのですが、summary(mod_ols_wn)から抽出する方法を使います。

```
> summary(mod_ols_wn)$coefficients
              Estimate Std. Error   t value  Pr(>|t|)
(Intercept) 0.03993162 0.04862201 0.8212663 0.4119863
x_wn        0.02605077 0.04499733 0.5789403 0.5629569
> summary(mod_ols_wn)$coefficients["x_wn","Pr(>|t|)"]
[1] 0.5629569
```

$coefficients とすることで、係数の一覧だけを取得することができます。鍵カッコを使うことでp値だけを抽出することができます。

推定されたp値などを格納するための変数などを定義しておきます。

```
# シミュレーションの回数
n_sim <- 200
# 1度のシミュレーションにおけるサンプルサイズ
n_sample <- 400
# p値を格納する変数
p_wn <- numeric(n_sim)
p_rw <- numeric(n_sim)
```

シミュレーションを実行します。forループと呼ばれる繰り返し演算子を用いて、200回p値を計算して、その結果を保存します。

```
set.seed(1)
for(i in 1:n_sim){
  # 自己相関のないシミュレーションデータ
  y_wn <- rnorm(n = n_sample)
```

1-7 シミュレーションによる見せかけの回帰

```
    x_wn <- rnorm(n = n_sample)
    # 線形回帰分析の実行
    mod_wn <- lm(y_wn ~ x_wn)
    # p値を保存
    p_wn[i] <- summary(mod_wn)$coefficients["x_wn","Pr(>|t|)"]
    # ランダムウォークするシミュレーションデータ
    y_rw <- cumsum(rnorm(n = n_sample))
    x_rw <- cumsum(rnorm(n = n_sample))
    # 線形回帰分析の実行
    mod_rw <- lm(y_rw ~ x_rw)
    # p値を保存
    p_rw[i] <- summary(mod_rw)$coefficients["x_rw","Pr(>|t|)"]
}
```

for(i in 1:n_sim)で、iを1〜n_sim（200）まで変化させていき、中カッコの中のコードを200回繰り返し実行します。

このコードが実行されると、ホワイトノイズ・ランダムウォーク系列へ回帰分析を実行したときのp値が各々200個ずつ得られているはずです。

200個もあるp値を目で確認するのは手間がかかるので、比較演算子を使います。以下のコードを実行すると、p値が0.05よりも小さかった場合だけTRUEが返されます。

```
> p_wn < 0.05
  [1] FALSE FALSE FALSE FALSE FALSE FALSE FALSE FALSE  TRUE FALSE FALSE
  ・・・中略・・・
[199] FALSE FALSE
```

TRUEは1、FALSEは0として扱われます。そのため、比較結果をsum関数により合計することで、0.05を下回った回数がわかります。

それをシミュレーション回数で割ってやれば、有意となった割合が計算できます。

```
> # ホワイトノイズ
> sum(p_wn < 0.05) / n_sim
[1] 0.055
> # ランダムウォーク
> sum(p_rw < 0.05) / n_sim
[1] 0.85
```

ホワイトノイズは 0.055 となっています。理論上は 5%の割合で有意となるはずですので、理論値に近い値となっています。

一方のランダムウォーク系列は 85%もの割合で有意な回帰係数が得られてしまいました。

ランダムウォーク系列に対して回帰分析を実行すると、非常に高い割合で見せかけの回帰が引き起こされてしまうことがわかります。

なお、定常 AR 過程に従うデータですと、この割合はもう少し減りますが、やはり 5%よりかは大幅に高くなります。

1-8 見せかけの回帰を防ぐ方法

見せかけの回帰を防ぐには、過去のデータをモデルに組み込み、データの持つ自己相関を表現するモデルを作るというのが最も良い方法です。

第 2 部で解説した ARIMAX モデルや、次章以降で説明するベクトル自己回帰モデル（VAR）、状態空間モデルなどが候補となります。

また、残差の自己相関を明示的にモデルに組み込む回帰モデルとして、一般化最小二乗法(GLS)と呼ばれる方法が知られています。

別の方法として、単位根を持つデータであった場合は、差分系列へ回帰分析を実行するという方法もあります。

差分をとることによって、ランダムウォークならばただのホワイトノイズにな

ります。ホワイトノイズに対しては見せかけの回帰が起こらないことは確認済みです。

差分をとる方法はとても簡単なのですが、いくつかの問題があることも知られています。その代表が後ほど解説する共和分です。

この章では、まずは単位根の有無を検定したうえで、単位根がなければ一般化最小二乗法を適用する、単位根があれば共和分の有無を確認したうえで、共和分がなければ差分系列への回帰分析を実行する、という流れで説明をします。

もちろん、このやり方が絶対的なものではないということには留意してください。

1-9　単位根検定

まずは第 2 部 5 章でも解説した、単位根検定を実行します。

今回は ADF 検定を適用してみます。もちろん KPSS 検定でも構いません。urca パッケージの ur.df 関数を使用します(余計な出力は省略します)。

```
> # ランダムウォークへの ADF 検定
> summary(ur.df(y_rw, type = "none"))
Value of test-statistic is: -0.9409
Critical values for test statistics:
      1pct  5pct 10pct
tau1 -2.58 -1.95 -1.62

> summary(ur.df(x_rw, type = "none"))
Value of test-statistic is: -0.2852
Critical values for test statistics:
      1pct  5pct 10pct
tau1 -2.58 -1.95 -1.62
```

共に統計量（Value of test-statistic）の絶対値が棄却点の絶対値を下回って

いるため、単位根を持つという帰無仮説を棄却することができませんでした。

なお、今回はシミュレーションデータが対象ですので、『type = "none"』と指定することで定数項もトレンドもない ADF 検定のみを実行しています。

定常 AR 過程に単位根検定を適用した場合は、帰無仮説が棄却され、単位根がないと判断されました。

```
> # 定常 AR(1) 過程への ADF 検定
> summary(ur.df(y_ar, type = "none"))
Value of test-statistic is: -5.9211
Critical values for test statistics:
      1pct  5pct 10pct
tau1 -2.58 -1.95 -1.62

> summary(ur.df(x_ar, type = "none"))
Value of test-statistic is: -5.699
Critical values for test statistics:
      1pct  5pct 10pct
tau1 -2.58 -1.95 -1.62
```

1−10　一般化最小二乗法：GLS

自己相関を持つデータに対しては普通の最小二乗法（Ordinary Least Squares：OLS）ではなく、一般化最小二乗法（Generalized Least Squares：GLS）を使います。

GLS は残差の自己相関を明示的にモデルに組み込んだうえでパラメタを推定する手法です。

しかし、実際の分析においては、自己相関が最初からわかっていることは普通ありません。そこで、まずは自己相関に関わるパラメタを OLS で推定してから、その推定されたパラメタを使ってデータを変換し、再度 OLS でパラメタを推定

します。

OLS を何度も繰り返すことにより自己相関のあるデータに対してパラメタを推定する手法を、実行可能（Feasible）一般化最小二乗法 FGLS と呼びます。

FGLS の仕組みを簡単に解説します。主に蓑谷(1997)に従いますが$\hat{\rho}$の推定方法は変更してあります。

ここでは、計算の簡単のため、AR(1)に従う残差のみを考え、以下の単回帰モデルを対象とします。

$$y_t = \beta_0 + \beta_1 x_t + u_t \tag{3-4}$$

Step1：式(3-4)に従う回帰式を OLS で推定します。そして式(3-4)で求められた残差を$\hat{u}_t$として以下の回帰式において OLS でパラメタ$\hat{\rho}$を求めます。

$$\hat{u}_t = \rho \hat{u}_{t-1} + e_t \tag{3-5}$$

Step2：推定された$\hat{\rho}$を使って、データを以下のように変換します。

$$\begin{aligned} y_1^* &= \sqrt{1-\hat{\rho}^2}\, y_1 \\ y_t^* &= y_t - \hat{\rho} y_{t-1}, \quad t = 2, 3, \dots, n \\ x_1^* &= \sqrt{1-\hat{\rho}^2}\, x_1 \\ x_t^* &= x_t - \hat{\rho} x_{t-1}, \quad t = 2, 3, \dots, n \end{aligned} \tag{3-6}$$

そして、変換されたデータを使って以下の回帰モデルを OLS で推定すれば、残差の自己相関を取り除けるという仕組みです。

$$y_t^* = \beta_0 \psi_t + \beta_1 x_t^* + error_t \tag{3-7}$$

ただし、ψ_tは以下に従います。切片を変換したものだというイメージです。

$$\begin{aligned} \psi_1 &= \sqrt{1-\hat{\rho}^2} \\ \psi_t &= 1-\hat{\rho}, \quad t = 2, 3, \dots, n \end{aligned} \tag{3-8}$$

なお、最終的に計算される残差を使って Step1 に戻り、$\hat{\rho}$を更新してからまた Step2 の変換を行い……と繰り返し計算が行われることもあります。

少々複雑ですが「残差を使って自己回帰モデルを作成し、その係数を使ってデータを変換する」という流れだけ理解しておけば、何をやっているのかつかめるのではないかと思います。

ここで紹介した方法は(2 step) Prais-Winsten 法と呼ばれています。

ほかにも Cochrane-Orcutt 法なども知られていますが、分散が大きく推定精度が悪いこと、最初の時点の変換データをパラメタ推定に使うことができないことなどの欠点があります。特に理由がなければ Prais-Winsten 法を使うべきでしょう。

自己相関があるデータに対して、通常の OLS 推定量の代わりとなるものがほしい、そして線形回帰分析と同様に検定やパラメタの解釈をしたい、という場合に、GLS が向いているといえます。計量経済分析などにおいてしばしば使われる手法です。

1-11 　R による Prais-Winsten 法

手順をおさらいする意味で、Prais-Winsten 法を R で実装してみましょう。
基本的には先の数式をそのまま実装しただけとなります。

まずは、Step1 から始めます。単回帰モデルを OLS で推定し、その残差を求めます。

```
# 定常 AR(1)過程に従うデータを OLS でモデル化(再掲)
mod_ols_ar <- lm(y_ar ~ x_ar)
# 残差
resid_ols_ar <- mod_ols_ar$residuals
```

残差に対して再度 OLS を用いて、残差の自己相関を表す ρ を推定します。

```
> mod_resid <- lm(resid_ols_ar[-1] ~ resid_ols_ar[-n_sample] - 1)
> ro <- as.numeric(mod_resid$coefficients)
> ro
[1] 0.8078253
```

resid_ols_ar[-1]で 1 番目のデータを取り除いた残差が得られます。
resid_ols_ar[-n_sample]で、最後のデータを取り除いた残差が得られます。

両者を lm 関数に入れることで「1 時点ずらしたデータ」で回帰モデルを組むことができます。lm 関数のモデル式の中に『- 1』と入れることで、切片がない回帰モデルを構築することができます。係数を取り出すには『$coefficients』とすればよいです。as.numeric は対象を「ただの数値」として取り扱うという指定です。

これで Step1 が終わりました。
Step2 の変換に移ります。

まずは初期時点のデータを変換します。

```
y_trans_1    <- sqrt(1 - ro^2)*y_ar[1]
x_trans_1    <- sqrt(1 - ro^2)*x_ar[1]
psi_trans_1  <- sqrt(1 - ro^2)
```

続いて 2〜399 時点を変換します。

```
y_trans_2    <- y_ar[-1] - ro*y_ar[-n_sample]
x_trans_2    <- x_ar[-1] - ro*x_ar[-n_sample]
psi_trans_2  <- rep(1 - ro, n_sample-1)
```

両者を結合します。ベクトルとしてまとめました。

```
y_trans_all    <- c(y_trans_1, y_trans_2)
x_trans_all    <- c(x_trans_1, x_trans_2)
psi_trans_all  <- c(psi_trans_1, psi_trans_2)
```

後は普通に OLS 推定量を求めるだけです。切片には、変換された切片 psi_trans_all のみを使います。

```
> mod_gls_hand <- lm(y_trans_all ~ psi_trans_all + x_trans_all - 1)
> summary(mod_gls_hand)
Coefficients:
```

```
                Estimate Std. Error t value Pr(>|t|)
psi_trans_all    0.46817    0.26604   1.760   0.0792 .
x_trans_all     -0.01720    0.05135  -0.335   0.7378
---
Signif. codes:  0 '***' 0.001 '**' 0.01 '*' 0.05 '.' 0.1 ' ' 1


Residual standard error: 1.032 on 398 degrees of freedom
Multiple R-squared:  0.007859,    Adjusted R-squared:  0.002873
F-statistic: 1.576 on 2 and 398 DF,  p-value: 0.208
```

変換後の傾きの係数の p 値は 0.7378 となっており、有意な回帰係数は得られないという結果となりました。

見せかけの回帰を回避できたことになります。

1−12　パッケージを使った GLS

もっと簡単に GLS する方法があります。prais パッケージの prais.winsten 関数を使います。これは data.frame 型のデータしか受け付けないので、いったんデータを変換します。

```
d <- data.frame(
  y_ar = y_ar,
  x_ar = x_ar
)
```

Prais-Winsten 法を実行します。

```
> mod_gls_PW <- prais.winsten(y_ar ~ x_ar, data=d, iter = 1)
> mod_gls_PW
Coefficients:
```

```
            Estimate Std. Error t value Pr(>|t|)
Intercept    0.46817    0.26604   1.760   0.0792 .
x_ar        -0.01720    0.05135  -0.335   0.7378
---
Signif. codes:  0 '***' 0.001 '**' 0.01 '*' 0.05 '.' 0.1 ' ' 1


Residual standard error: 1.032 on 398 degrees of freedom
Multiple R-squared:  0.007859,    Adjusted R-squared:  0.002873
F-statistic: 1.576 on 2 and 398 DF,  p-value: 0.208


[[2]]
       Rho Rho.t.statistic Iterations
 0.8078253        27.14816          1
```

なお、`iter = 1`としてあるので、1回だけの変換としています。これを増やすことで、何度も反復して残差の計算〜変換を行うこともできます。

1-13　差分系列への回帰分析

続いて、単位根があるデータへの回帰分析です。

これは差分系列へ回帰分析をするのが簡単です。ランダムウォーク系列ならば差分をとるとホワイトノイズになるので、見せかけの回帰が起こらないことは直感的にも分かるかと思います。

以下のコードではランダムウォーク系列に対して、`diff`関数を使って差分をとった系列に対して`lm`関数を適用しました。

```
> mod_lm_diff <- lm(diff(y_rw) ~ diff(x_rw))
> summary(mod_lm_diff)
Coefficients:
```

```
                Estimate Std. Error t value Pr(>|t|)
(Intercept) -0.02864     0.05012   -0.571    0.568
diff(x_rw)  -0.01742     0.04818   -0.362    0.718


Residual standard error: 1.001 on 397 degrees of freedom
Multiple R-squared:  0.0003292,    Adjusted R-squared:  -0.002189
F-statistic: 0.1307 on 1 and 397 DF,  p-value: 0.7179
```

p 値は 0.718 であり、見せかけの回帰を回避できていることがわかります。

なお、差分系列への回帰分析は、あとで説明するようにいくつかの問題があります。

1-14　共和分

単位根を持つデータ同士で回帰分析をした場合は、見せかけの回帰になることが多いですが、例外があります。それは、データが共和分を持っている時です。

例えば、データ y_t と x_t が各々単位根を持っており、y_t と x_t の線形結合が単位根を持たなくなったとしたら、両者は共和分の関係にあると呼びます。

もう少し一般的な定義を示します。

変数ベクトル x_t があったとします。ベクトルですので、たとえばアメリカの株価とイギリスの株価など、複数の変数が集まっていると思ってください。

x_t のすべての要素は d 次の和分過程 I(d) に従うが、変数の線形結合をとると I($d-b$) に次数が減る時、x_t は共和分の関係にあると呼び、$x_t \sim CI(d,b)$ と書きます。

一般的な定義ですと少々ややこしいので、ここでは話を簡単にするため、変数は y_t と x_t だけとし、各々1次の和分過程（すなわち単位根を持っている）であり、それの線形結合が定常過程（0次の和分過程）になる場合のみを対象とします。

共和分関係を持つデータの特徴を、シミュレーションで確かめてみましょう。

```
set.seed(10)
rw <- cumsum(rnorm(n = n_sample))
x_co <- 0.6 * rw + rnorm(n = n_sample)
y_co <- 0.4 * rw + rnorm(n = n_sample)
```

rw という変数は、ランダムウォーク系列であり、単位根を持ちます。

x_co と y_co が、共和分関係にある変数です。rw に定数をかけ、ホワイトノイズを足し合わせて作ってあります。

もちろん、x_co と y_co ともに単位根を持ちます。ADF 検定をしても単位根を持つという帰無仮説を棄却することができません。

```
> summary(ur.df(y_co, type = "none"))
Value of test-statistic is: -1.2875
Critical values for test statistics:
      1pct 5pct 10pct
tau1 -2.58 -1.95 -1.62

> summary(ur.df(x_co, type = "none"))
Value of test-statistic is: -1.0194
Critical values for test statistics:
      1pct 5pct 10pct
tau1 -2.58 -1.95 -1.62
```

なぜ x_co と y_co が共和分関係にあるとわかるかというと、以下の線形結合により、ランダムウォーク系列がなくなってしまうからです。z_t はホワイトノイズとなります。

$$z_t = x_t - \frac{0.6}{0.4} y_t$$

図示をして確認してみましょう。ggfortify パッケージの autoplot 関数はベクトルのままでは適用できませんので、data.frame を経由して ts 型に変換させてあります。autoplot 関数に『facets = T』と指定することで、複数の時系列を分けたグラフを描いてくれます。

```
# データを 1 つの data.frame にまとめる
df <- data.frame(
  y_co = y_co,
  x_co = x_co,
  z = x_co - (0.6/0.4)*y_co
)
# ts 型に変換
ts_df <- ts(df)
# 図示
autoplot(ts_df, facets = T)
```

x_co と y_co は共に、緩やかな増減を繰り返していますが、その線形結合である z は、一定の値の中で変化をしているのがわかります。

このように、複数の変数同士が平衡状態にあるのが共和分の特徴です。

シミュレーションデータを作っていただくとわかるかと思いますが、各変数同士に関連性があることは疑う余地がありません。

単位根があったとしても、共和分関係にあれば、意味の有る関係性を持つと考察できることになります。

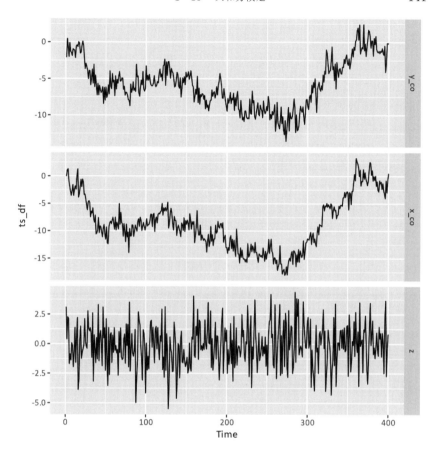

1−15 共和分検定

共和分があるかどうかを調べるために共和分検定を行います。

共和分検定にはベクトル誤差修正モデル（VECM）を使った方法など様々ありますが、今回は最もシンプルな Engle-Granger の方法を用います。

この方法は2変数での共和分関係を調べることにしか使えないことに注意してください。

検定の考え方としては単純です。

単位根を持つデータに対して、OLSにより回帰直線を求めます。そして残差を計算します。

残差に対して単位根検定を行い、単位根がなくなれば共和分ありとみなすのが共和分検定です。回帰式は一種の線形結合ですので、共和分関係にあれば単位根は消えるはずです。

なお、残差に対して単位根検定を行うため、通常のADF検定やKPSS検定は使えません。Phillips-Ouliaris検定（PO検定）を使います。

この検定の帰無仮説は「共和分関係がない」です。

やってみます。urcaパッケージのca.po関数を使用します。この関数は、あらかじめデータをmatrix形式にする必要があるので、データの整形も併せて行いました。

ca.po関数において『demean = "none"』と指定してあるので、定数項もトレンドもないことを仮定してモデル化しています。

```
> # データの整形
> data_mat <- matrix(nrow = n_sample, ncol = 2)
> data_mat[,1] <- y_co
> data_mat[,2] <- x_co
>
> # 共和分検定
> summary(ca.po(data_mat, demean = "none"))
Value of test-statistic is: 250.7453
Critical values of Pu are:
                10pct    5pct    1pct
critical values 20.3933 25.9711 38.3413
```

『Value of test-statistic is: 250.7453』に検定統計量が記されています。棄却点が25.9711ですので、「共和分関係がない」という帰無仮説は棄却されました。共和分関係があるということです。

1-15 共和分検定

なお、共和分関係にあるデータに対して差分系列への回帰分析を行うと、その関係が見えなくなってしまいます。

```
> # 共和分のあるデータに、差分をとってから回帰
> y_co_diff <- diff(y_co)
> x_co_diff <- diff(x_co)
>
> mod_lm_diff_cointegrate <- lm(y_co_diff ~ x_co_diff)
> summary(mod_lm_diff_cointegrate)
Coefficients:
            Estimate Std. Error t value Pr(>|t|)
(Intercept) 0.004719   0.070014   0.067    0.946
x_co_diff   0.047463   0.044286   1.072    0.284
```

回帰係数が有意になっていないことがわかります。

このような問題があるため、データの差分をとる際はよく注意しなければなりません。

2章　VARモデル

ここではベクトル自己回帰モデル（Vector AutoRegressive model：VARモデル）の解説をします。

VARモデルは予測を出すだけでなく、時系列データの相互作用を調べる目的でも多用されます。VARモデルの構築の方法だけでなく、VARモデルを使ったデータの解釈の仕方も併せて解説します。

2-1　VARモデルの使い時

VARモデルは、多変量時系列モデルの一種です。

例えば個人消費と個人収入の指標という2つの時系列データがあった場合、下記のようにお互いに影響を及ぼしあっていると考えることができます。
- 消費が増えた後に（お店などが繁盛するため）収入が増える
- 収入が増えた後に（使えるお金が増えたので）消費が増える

このような状況をモデル化することができるのがVARモデルです。

ARIMAXモデルでも外生変数を入れることができました。しかしこれは一方的な影響をモデル化しているだけです。

第2部の例でいうと「石油価格は交通事故死傷者数に影響を与えている」がその逆は言えないわけです（交通事故が増えると石油価格が安くなるというのは変な話ですね）。

時系列データが互いに影響を及ぼしあっているのを表現した時系列モデルがVARモデルなのだと、まずはご理解ください。

また複数の時系列データを統合してモデル化することができるため、変数間の影響を調べるのに役に立ちます。

例えば「Grangerの因果」という考え方を使うことで（普段私たちが使っている因果という言葉の意味とはやや異なりますが）データの因果関係の有無を検定することが可能となります。

また「消費が急に増えると、収入にはどういった影響があるのか」を定量的に評価することができます。これをインパルス応答関数と呼びます。

このように VAR モデルは複数の時系列データがある際に、予測やシミュレーションを行うことができる時系列モデルです。

2-2　VAR モデルの構造

簡単のため 1 次の VAR モデルを対象として説明します。

消費y_tと収入x_tをモデル化した 1 次の VAR モデル VAR(1)は以下のように表現できます。

$$y_t = c_1 + \phi_{11} y_{t-1} + \phi_{12} x_{t-1} + \varepsilon_{1t}$$
$$x_t = c_2 + \phi_{21} y_{t-1} + \phi_{22} x_{t-1} + \varepsilon_{2t}$$
(3-9)

イメージとしては、以下のモデルを想像してください。

2001 年の消費 = c_1 + ϕ_{11}2000 年の消費 + ϕ_{12}2000 年の収入 + ノイズ
2001 年の収入 = c_2 + ϕ_{21}2000 年の消費 + ϕ_{22}2000 年の収入 + ノイズ

消費・収入共に「過去の消費と、過去の収入」という同じ説明変数が使われています。

ここで「同時点の相手のデータ」がモデルに含まれていないことに注意してください。消費の回帰式ならば「同時点の収入」がモデルに含まれていないということです。

かく乱項ε_{1t}とε_{2t}はホワイトノイズであり、過去の自身の攪乱項と相関を持っていません。しかし、同時点のかく乱項同士は相関を持っていても構いません。(3-9)式で計算された消費予測から実測値が上振れしたとしたら、やはり収入予測も上振れして外れる、という関係になっていることもあるということです。かく乱項が相関をもつことにより、同時点の関係性を暗に認めています。

このような形式を持つモデルを、見かけ上無相関な回帰モデル（Seemingly Unrelated Regression : SUR モデル）とも呼びます。

より一般的に、n 個の変数を持つ p 次の VAR(p)は以下のように表記されます。

$$y_t = c + \phi_1 y_{t-1} + \cdots + \phi_p y_{t-p} + \varepsilon_t \qquad (3\text{-}10)$$

ただし、y_t は n 個の変数ベクトルであり、c は $n\times 1$ の定数ベクトル、ϕ_i は $n \times n$ の係数行列です。AR モデルの数式がベクトル化されて多変量に拡張されたのだ、ということだけわかっておけば問題ないです。ARMA モデルをベクトル化した VARMA というモデルもありますが、実用性の観点から VAR が好まれます。

2-3 Granger 因果性検定

Granger の意味での因果は「相手がいることによって、予測精度が上がるかどうか」で判断されます。

以下の消費・収入モデルを想像してください。

2001 年の収入 $= c_2 + \phi_{21}$ 2000 年の消費 $+ \phi_{22}$ 2000 年の収入 $+$ ノイズ

2001 年の収入予測モデルにおいて、相手(消費データ)無しの予測モデルも作ってみましょう。両者を並べてみます。

2001 年の収入 $= c_2 + \phi_{21}$ 2000 年の消費 $+ \phi_{22}$ 2000 年の収入 $+$ ノイズ①
2001 年の収入 $= c_2 + \phantom{\phi_{21}2000\ 年の消費 +\ } \phi_{22}$ 2000 年の収入 $+$ ノイズ②

ノイズ①が「相手のデータも使った時の予測残差」です。
ノイズ②は「相手がいない時の予測残差」です。
この 2 つの予測残差の残差平方和の大小を比較して「相手のデータを使うことで、予測残差が有意に減少したか」を検定するのが Granger 因果性検定です。
帰無仮説と対立仮説の解釈は以下の通りです。
帰無仮説:予測残差は減少しない
対立仮説:予測残差が減少する→Granger の因果があるとみなせる

「去年の消費が増えたことが原因で、今年の収入が上がった」ということがわかれば、消費→収入の因果関係が明らかになりますね。しかし、この因果を直接判定することは至難の業です。
そこで、因果の代わりとして提示されたのが「Granger の意味での因果」です。

「去年の消費データを使うことで、今年の収入の予測精度が向上した」という関係性を因果の代わりに使おうというものです。

もともとの因果の意味とはやや異なりますが、データの関連性を考察する際に役立ちます。

なお、Granger因果性検定は、定常データを対象として分析をした時にしか使うことができません。

2-4　インパルス応答関数

消費が急に増えると収入にはどういった影響があるのか、を定量的に評価する手法がインパルス応答関数です。ある変数にショックを与えてみて、その影響がどれほど続くのかをシミュレートします。

VARモデルを使えば将来予測ができるので、こういったシミュレーションもできるということは想像がつくのではないかと思います。

なお、VARは同時点のノイズ同士が相関を持つことがあります。これではうまくシミュレーションができません。

そこで、ノイズを相関している部分と独立な部分に分けます。これを直行化かく乱項と呼びます。このように残差を直行化してからインパルス応答関数を求める方法を直行化インパルス応答関数と呼びます。

インパルス応答関数といえば、普通はこの直行化インパルス応答関数のことを指します。本書でも断りがない限り、直行化インパルス応答関数を対象とします。

2-5　この章で使うパッケージ

この章で使う外部パッケージの一覧を載せておきます。この章では断りなくこれらの外部パッケージの関数を使用することがあります。パッケージのインストールはすでに行われているとします。

```
library(urca)
library(fpp)
```

```
library(vars)
library(ggplot2)
library(ggfortify)
```

fpp は様々な時系列データが格納されているパッケージです。
vars は VAR モデルを推定するためのパッケージです。

2-6　分析の対象

fpp パッケージの usconsumption という多変量時系列データを使います。

```
> usconsumption
        consumption      income
1970 Q1  0.61227692   0.496540045
1970 Q2  0.45492979   1.736459591
・・・中略・・・
2010 Q3  0.65314326   0.561169813
2010 Q4  0.87535215   0.371057940
```

四半期ごとの、アメリカの消費・収入の増加率データです。

図示します。

```
autoplot(usconsumption, facets = T)
```

既に増減率データとして変換済みのデータですので、明確なトレンドなどは見当たりません。

2−6 分析の対象

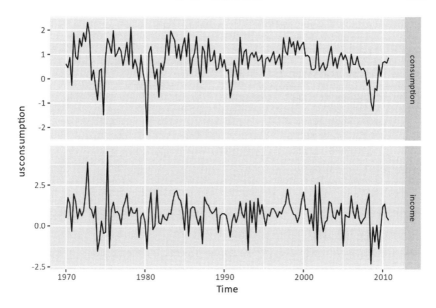

ADF 検定を行うと、単位根を持つという帰無仮説が棄却されるので、単位根を持たないデータであることがわかります。なお、type = "drift"と指定して、定数項のある ADF 検定を行いました。統計量などが少し増えていますが、太字で下線が引かれた部分を比較すれば 5%水準で検定できます。

```
> # 消費の単位根検定
> summary(ur.df(usconsumption[, "consumption"], type = "drift"))
・・・中略・・・
Value of test-statistic is: -5.7451 16.5046

Critical values for test statistics:
      1pct  5pct  10pct
tau2 -3.46 -2.88 -2.57
phi1  6.52  4.63  3.81


> # 収入の単位根検定
```

```
> summary(ur.df(usconsumption[, "income"], type = "drift"))
・・・中略・・・
Value of test-statistic is: -8.322 34.6336
Critical values for test statistics:
      1pct  5pct 10pct
tau2 -3.46 -2.88 -2.57
phi1  6.52  4.63  3.81
```

ARIMA モデルなど 1 変数のデータを分析する際は、自己相関を算出してデータの特徴を捉えました。

今回は多変量データですので、相互相関というものを使います。相互相関は、データのラグをとりつつ、2 つの変数の相関係数を順に求めていったものです。

```
autoplot(
  ccf(
    usconsumption[, "consumption"],
    usconsumption[, "income"],
    plot = F
  )
)
```

同時点から前後 5 時点ほどの間に比較的高い相関がみられます。

VAR モデルでは、相互相関のグラフを見て、次数を決定することもしばしばあります。

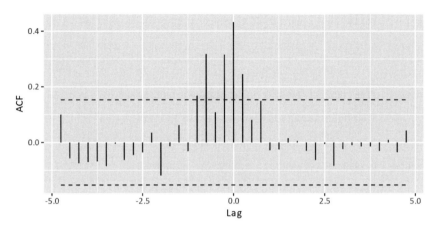

2-7 R による VAR モデル

VAR モデルの次数を決める作業に移ります。ARIMA モデルと同じく AIC が最小となる次数を選択します。

vars パッケージの VARselect 関数を使用します。lag.max = 10 とすることで、10 次までを順に調べていきます。type="const" としてあるので、定数項のある VAR モデルを対象としています。

```
> select_result <- VARselect(usconsumption, lag.max = 10, type="const")
> select_result
$selection
AIC(n)  HQ(n)  SC(n) FPE(n)
     5      1      1      5


$criteria
                   1          2          3          4          5          6
AIC(n) -1.2669809 -1.254039 -1.2991953 -1.3141205 -1.3295668 -1.2939806
HQ(n)  -1.2189185 -1.173935 -1.1870496 -1.1699332 -1.1533379 -1.0857100
```

```
SC(n)   -1.1486581  -1.056834   -1.0231087  -0.9591520  -0.8957165  -0.7812483
FPE(n)   0.2816835   0.285363    0.2727854   0.2687822   0.2647208   0.2743982
                 7           8           9          10
AIC(n)  -1.2634257  -1.2409677  -1.2158338  -1.1808584
HQ(n)   -1.0231135  -0.9686139  -0.9114384  -0.8444214
SC(n)   -0.6718115  -0.5704717  -0.4664559  -0.3525986
FPE(n)   0.2830345   0.2896272   0.2972129   0.3080666
```

様々な指標が出ていますが、AIC のみに着目します。

selection を見ると、5次が最も AIC が小さくなっていることがわかります。

以下のようにしても確認できます。

```
> select_result$selection[1]
AIC(n)
    5
```

相互相関のグラフと相違ないようでしたので、この次数をそのまま使うこととします。

モデル化には、VAR 関数を使用します。データ、type（定数項の有無など）、次数を順に引数に入れています。

```
var_bestorder <- VAR(
  y = usconsumption,
  type = "const",
  p = select_result$selection[1]
)
```

推定結果はかなり長いですので、一部だけ記載します。

```
> summary(var_bestorder)
Estimation results for equation consumption:
```

```
=================================================
                Estimate Std. Error t value Pr(>|t|)
consumption.l1   0.248764    0.085965   2.894 0.004382 **
income.l1        0.059566    0.063446   0.939 0.349337
consumption.l2   0.197200    0.089569   2.202 0.029238 *
income.l2       -0.102497    0.065299  -1.570 0.118631
consumption.l3   0.298879    0.090395   3.306 0.001186 **
income.l3       -0.054073    0.063907  -0.846 0.398851
consumption.l4  -0.030031    0.094230  -0.319 0.750404
income.l4       -0.099790    0.064216  -1.554 0.122325
consumption.l5  -0.002482    0.091586  -0.027 0.978417
income.l5       -0.041258    0.061356  -0.672 0.502347
const            0.389927    0.099396   3.923 0.000133 ***
---
Signif. codes:  0 '***' 0.001 '**' 0.01 '*' 0.05 '.' 0.1 ' ' 1


Residual standard error: 0.6158 on 148 degrees of freedom
Multiple R-Squared: 0.2611,    Adjusted R-squared: 0.2111
F-statistic: 5.229 on 10 and 148 DF,  p-value: 1.466e-06


Estimation results for equation income:
========================================
                Estimate Std. Error t value Pr(>|t|)
consumption.l1   0.45311    0.11414    3.970 0.000112 ***
income.l1       -0.27869    0.08424   -3.308 0.001178 **
consumption.l2   0.03256    0.11892    0.274 0.784642
```

```
income.l2        -0.11671    0.08670  -1.346 0.180295
consumption.l3    0.46720    0.12002   3.893 0.000149 ***
income.l3        -0.18623    0.08485  -2.195 0.029739 *
consumption.l4    0.32807    0.12511   2.622 0.009648 **
income.l4        -0.21988    0.08526  -2.579 0.010886 *
consumption.l5   -0.02095    0.12160  -0.172 0.863463
income.l5        -0.20980    0.08146  -2.575 0.010991 *
const             0.51335    0.13197   3.890 0.000151 ***
---
Signif. codes:  0 '***' 0.001 '**' 0.01 '*' 0.05 '.' 0.1 ' ' 1
Residual standard error: 0.8176 on 148 degrees of freedom
Multiple R-Squared: 0.2938,  Adjusted R-squared: 0.246
F-statistic: 6.156 on 10 and 148 DF,  p-value: 8.055e-08


Covariance matrix of residuals:
            consumption income
consumption      0.3792 0.1654
income           0.1654 0.6684


Correlation matrix of residuals:
            consumption income
consumption      1.0000 0.3286
income           0.3286 1.0000
```

consumption と income に分かれて、推定された係数の一覧が出力されています。
　表示形式は線形回帰モデルを推定する関数 lm とよく似ているので解釈はそれほど難しくはないと思います。

最後に残差の分散共分散行列と相関行列が出力されていることにも注目してください。VAR モデルは同時刻における残差同士に相関を持つことがあります。

2−8　VAR モデルによる予測

predict 関数を使うことで予測を出すことができます。95%予測区間や信頼区間も併せて出力されています。n.ahead = 4 で4時点先までの予測となります。

```
> predict(var_bestorder, n.ahead = 4)
$consumption
          fcst       lower     upper     CI
[1,] 0.7094253 -0.4974526 1.916303 1.206878
[2,] 0.7081061 -0.5467373 1.962950 1.254843
[3,] 0.7565104 -0.5411200 2.054141 1.297630
[4,] 0.7946358 -0.5737016 2.162973 1.368337


$income
          fcst       lower     upper     CI
[1,] 0.8326177 -0.7697598 2.434995 1.602378
[2,] 0.4631307 -1.2414527 2.167714 1.704583
[3,] 0.7626169 -0.9421448 2.467379 1.704762
[4,] 0.8631555 -0.9545267 2.680838 1.817682
```

8時点先までの予測結果を図示してみます。colour として1を設定すると黒色となります。

```
autoplot(
  predict(var_bestorder, n.ahead = 8),
  ts.colour = 1,
  predict.colour = 1,
```

```
  predict.linetype = 'dashed'
)
```

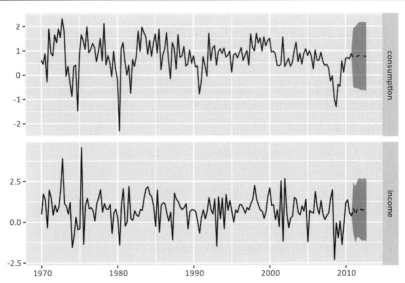

2-9　RによるGranger因果性検定

　Granger因果性検定を行います。vars パッケージの causality 関数を使用します。cause に原因となる要素を入れます。まずは収入 income が消費に与える影響を検定します。

```
> # 収入が消費に与える影響
> causality(var_bestorder, cause = "income")
$Granger

        Granger causality H0: income do not Granger-cause consumption
data:  VAR object var_bestorder
F-Test = 1.4337, df1 = 5, df2 = 296, p-value = 0.212
```

```
$Instant

        H0: No instantaneous causality between: income and consumption
data:  VAR object var_bestorder
Chi-squared = 15.492, df = 1, p-value = 8.285e-05
```

$Granger が Granger 因果性検定の結果を表しています。p-value = 0.212 であり、p 値が 0.05 よりも大きいので、Granger の因果があるとは言えないという結果となりました。

$Instant は Granger の瞬時因果性と呼ばれる因果の検定結果です。

こちらは同時刻における収入と消費の影響を検定したものです。

2 変量の VAR モデルにおいて、Granger 瞬時因果性がないことの必要十分条件は、同時点における残差同士の共分散が 0 であることだと知られています。

p-value = 8.285e-05 ですので、こちらは瞬時因果性があるという結果となりました。残差同士には関連性があるということです。

逆に、消費から収入へと向かう Granger の因果を検定します。

```
> # 消費が収入に与える影響
> causality(var_bestorder, cause = "consumption")
$Granger

        Granger causality H0: consumption do not Granger-cause income
data:  VAR object var_bestorder
F-Test = 10.575, df1 = 5, df2 = 296, p-value = 2.334e-09


$Instant

        H0: No instantaneous causality between: consumption and income
data:  VAR object var_bestorder
Chi-squared = 15.492, df = 1, p-value = 8.285e-05
```

こちらは Granger の因果性も Granger の瞬時因果性も、ともに有意となりまし

た。

以上の結果をまとめます。

Grangerの因果は「消費→収入」方向に存在しました。その逆は有意なGrangerの因果が見られませんでした。

同時刻における消費と収入は、互いに影響を及ぼしあっていると示唆されました。

2-10　Rによるインパルス応答関数

Grangerの因果は「消費→収入」方向に存在していました。そこで、消費が急に増えると、収入はどのくらいのラグが開いた後に増減するのか、インパルス応答関数を求めることによって調べてみます。vars パッケージの irf 関数を使用します。

```
# インパルス応答関数を求める
irf_consumption <- irf(
  var_bestorder,
  impulse = "consumption",
  response = c("consumption", "income"),
  n.ahead = 12,
  boot = T
)

# インパルス応答関数の図示
plot(irf_consumption)
```

irf 関数の引数には、順に、推定された VAR モデル、変動元となる変数、変化の結果を見たい変数（ベクトルにすることで複数を指定できます）、何時点先までをシミュレートするか、ブートストラップによる信頼区間を表示するか、の指定をします。

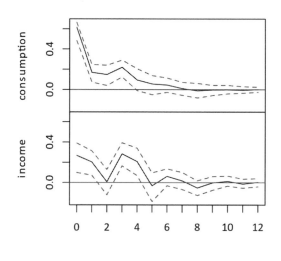

なお、特に指定はしていませんが、デフォルトで ortho=T となっています。これは直行化インパルス応答関数を求めるという指定です。ここは常に TRUE として置いて問題ありません。

plot 関数を使うことでインパルス応答関数を描画しました。

2つ並んだ上のグラフが消費の動向をシミュレートした結果です。一時期消費が増えても、1年後にはほぼその効果がなくなることがわかります。
　下のグラフが収入をシミュレートした結果です。消費が増えた直後と、3~4 四半期後に収入が少し増えていることがわかります。

相手のデータの影響をどれほど受けているかを調べる方法もあります。これを分散分解と呼びます。
　fevd 関数で計算できます。

```
plot(fevd(var_bestorder, n.ahead = 12))
```

このグラフを見ると、消費に関しては収入の影響をほとんど受けていないよう

です。

　収入は、最初は消費の影響が少ないものの、1年ほどたつと25%ほどの影響を受けていることがわかります。このように、複数の変数同士の関係性を評価できるのが、VARモデルの強みだといえます。

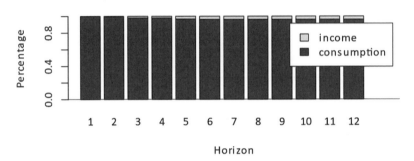

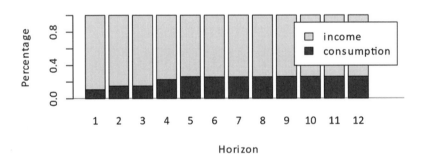

3章　ARCH・GARCHモデルとその周辺

この章では時系列データの分散の変動に着目します。

定常過程では分散は時点によらずに一定であると仮定されていました。しかし、ファイナンスのデータなどでは、この仮定が満たされていないことがしばしばあります。

時間によって分散が変動するデータをどのように式で表現し、モデル化するか。その考え方とRによる実装方法を解説します。

3-1　なぜ分散の大きさをモデル化したいのか

特に金融などの分野においては、時系列データの分散の平方根、すなわち標準偏差のことを「ボラティリティ」と呼びます。そしてこのボラティリティの大きさにとても注意を払います。

あなたが株式投資をしているのだと思ってください。株価が上がると儲けられますが、株価が下がると損します。

そこで気になるのは「最大でどれくらい損をする可能性があるか」ではないでしょうか。ちょっとの損ならば構わないが、無一文になったり借金を背負ったりするのは困る、という感情は自然なものです。

株価が上がるか下がるかわからない、というその不安は「リスク」と呼ばれます。そのリスクの大きさを評価する指標こそが、データの分散でありボラティリティです。

ボラティリティが低い、あるいは一定だと見積もっていたら、自分の貯金では耐えられないくらいの損失を出してしまうかもしれません。

そこで出てくるのが、ボラティリティ変動モデルです。ボラティリティを予測することで、リスク管理に役立たせます。

3-2　自己回帰条件付き分散不均一モデル(ARCH)

ボラティリティをモデル化する最初の方法は自己回帰条件付き分散不均一モ

デル(AutoRegressive Conditional Heteroskedasticity model：ARCHモデル)を使うことです。

このモデルは「絶対値が大きなノイズが前回来たならば、今回の分散は大きくなるだろう」と考える時系列モデルです。

1次のARCHモデル、ARCH(1)は以下のように定式化されます。

$$
\begin{aligned}
y_t &= \mu_t + u_t \\
u_t &= \sqrt{h_t}\varepsilon_t, \qquad \varepsilon_t \sim N(0,1) \\
h_t &= \omega + \alpha_1 u_{t-1}^2
\end{aligned}
\qquad (3\text{-}11)
$$

上記の式を日本語で書き下してみます。

データ ＝ 期待値 ＋ ノイズ

ノイズ ＝ $\sqrt{条件付き分散}$ × 分散1のホワイトノイズ

条件付き分散 ＝ $\omega + \alpha_1$(前期のノイズ)^2

式が3つに分かれていますが、重要なのは3番目の条件付き分散を表現している部分です。なお、分散の平方根がボラティリティであることに注意してください。分散の値は必ず正となるため、パラメタ ω や α_1 は「0以上である」という制約を付けて推定されることが多いです。

ARCHモデルでは、時系列の分散は「絶対値が大きなノイズが前回来たならば、今回の分散は大きくなるだろう」と考えています。これは「データのブレ幅が広がる状況が持続する」ということです。

ARCHモデルの構造がなければ、たまたま大きなノイズが加わったとしても、それは一度限りで終わり、次の時点からはまた標準的な大きさのノイズに戻ります。

しかし、ARCHモデルの構造があれば、たまたま大きなノイズが加わったとしたら、その翌日も（分散が大きくなるので）大きくブレやすいことになります。

例えば、ある会社の株価が突然下がったとしましょう。その時投資家たちは「安くなった、ラッキー！」と思って株を買い増しするかもしれません。逆に損失をこれ以上増やさないために、持っている株をすべて売ってしまうかもしれません。

もしも偶然に株価が下がっただけだとしても、その結果が多くの投資家の行動に影響を与える可能性があります。そうなると株価は乱高下すると考えられます。すなわち、ボラティリティが大きくなります。

この状況を表すことができるのが、ARCH モデルです。

m 次の ARCH モデル ARCH(m)は以下のように定式化されます。m 時点前までのノイズを使って、条件付き分散を求めます。

$$y_t = \mu_t + u_t$$
$$u_t = \sqrt{h_t}\varepsilon_t, \qquad \varepsilon_t \sim N(0,1)$$
$$h_t = \omega + \sum_{k=1}^{m} \alpha_k u_{t-k}^2 \tag{3-12}$$

3-3　一般化 ARCH モデル(GARCH)

次は、ARCH をより一般化したモデル、その名も一般化自己回帰条件付き分散不均一モデル(Generalized ARCH model：GARCH モデル)を紹介します。

一般化したいと思ったのには「"より長く"データのブレ幅が広がる状況が持続する」時系列モデルを、「少ないパラメタで」表現したいという動機があります。

ARCH(m)の次数を増やすと、m 時点前までのノイズの大きさが加味されます。それだけ長くスパンが空いてもボラティリティが大きくなる状況は持続します。しかし、その分だけ推定すべきパラメタが増えてしまいます。

そこで、1次の GARCH モデル、GARCH(1,1)は以下のように定式化されました。

$$y_t = \mu_t + u_t$$
$$u_t = \sqrt{h_t}\varepsilon_t, \qquad \varepsilon_t \sim N(0,1)$$
$$h_t = \omega + \alpha_1 u_{t-1}^2 + \beta_1 h_{t-1} \tag{3-13}$$

こちらも日本語で書き下してみます。

データ ＝ 期待値 ＋ ノイズ

ノイズ ＝ $\sqrt{条件付き分散}$ × 分散 1 のホワイトノイズ

条件付き分散 ＝ $\omega + \alpha_1$(前期のノイズ)$^2 + \beta_1 \times$ 前期の条件付き分散

変わったのは 3 番目の式だけです。t-1 時点の条件付き分散も用いてボラティリティを推定するようになりました。

これにより、以下のようにボラティリティが大きくなる状況を維持できます。

① t 時点において、たまたま大きなノイズが加わる
↓
② ARCH の効果で、t+1 時点においてボラティリティが大きくなる
↓
③ t+1 時点のボラティリティが大きいので、（たとえ t+1 時点のノイズがあまり大きくなかったとしても）t+2 時点のボラティリティは必ず大きくなる

たとえボラティリティが大きかったとしても「ノイズが大きくなりやすい」だけであって、小さなノイズが来ることもあります。そんな場合でも高いボラティリティを維持できるのが GARCH モデルです。

GARCH(r, m)は以下のように定式化されます。

$$
\begin{aligned}
y_t &= \mu_t + u_t \\
u_t &= \sqrt{h_t}\varepsilon_t, \qquad \varepsilon_t \sim N(0,1) \\
h_t &= \omega + \sum_{k=1}^{m} \alpha_k u_{t-k}^2 + \sum_{l=1}^{r} \beta_l h_{t-l}
\end{aligned}
\tag{3-14}
$$

3−4　GARCH モデルの拡張

様々な分散の変動パターンに対応するために、GARCH モデルを拡張することがあります。

ここでは GARCH モデルのいくつかの拡張を紹介します。

GJR モデルは「正のノイズと負のノイズでは、分散に与える影響が異なる」と考えたモデルです。株価が上がった時にはあまりボラティリティは増えないが、株価が下がった時は投資家が慌てやすくボラティリティが増える、といった状況をモデル化できます。GJR-GARCH(1,1) モデルは以下のように定式化されます。

$$y_t = \mu_t + u_t$$
$$u_t = \sqrt{h_t}\varepsilon_t, \qquad \varepsilon_t \sim N(0, 1) \qquad (3\text{-}15)$$
$$h_t = \omega + \alpha_1 u_{t-1}^2 + \beta_1 h_{t-1} + \gamma_1 u_{t-1}^2 \cdot I_{t-1}$$

ただし、I_{t-1} は、$u_{t-1} < 0$ の時に 1 を、$u_{t-1} \geq 0$ の時に 0 をとります。負のノイズの時にだけ、補正が入るようになっていることがわかるかと思います。

また、そもそも確率分布を変えてしまうという方法もあります。

例えば、金融のデータは正規分布だと仮定することが難しいくらい、データのばらつきが大きいことがあります。そのようなときは正規分布の代わりに幅の広い t 分布を使うと、うまくモデル化ができることもあります。

3-5　この章で使うパッケージ

R を使って GARCH モデルを推定してみましょう。

この章で使う外部パッケージの一覧を載せておきます。

```
library(xts); library(fGarch); library(rugarch)
library(forecast); library(tseries)
library(ggplot2); library(ggfortify); library(gridExtra)
```

fGarch と rugarch がともに GARCH モデルを推定するためのパッケージです。rugarch のほうがより幅広くモデルを構築することができます。

3-6　シミュレーションによるデータの作成

今回は fGarch パッケージの関数を用いて、シミュレーションにより、分散が変動するデータを作成します。シミュレーションデータのパラメタを設定します。

```
# 1回のシミュレーションにおけるサンプルサイズ
n_sample <- 1000
# GARCH(1,1)に従うデータのシミュレーション
#モデルのパラメタの設定
spec1 <- garchSpec(
  model = list(omega = 0.001, alpha = 0.4, beta = 0.5, mu = 0.1),
  cond.dist = "norm"
)
```

以下のモデルが作られることになります。

$$\begin{aligned} y_t &= 0.1 + u_t \\ u_t &= \sqrt{h_t}\varepsilon_t, \qquad \varepsilon_t \sim N(0,1) \\ h_t &= 0.001 + 0.4u_{t-1}^2 + 0.5h_{t-1} \end{aligned} \quad (3\text{-}16)$$

先ほど作ったパラメタ一覧を使って、シミュレーションデータを作成します。『extended = T』とすることで、データ系列だけでなくボラティリティの値も出力されます。

```
set.seed(1)
sim_garch <- garchSim(
  spec1,
  n = n_sample,
  extended = T
)
```

作成されたデータの中身を見てみます。一度ts型に変換しておきました。

```
> # ts型に変換
> sim_garch <- ts(sim_garch)
```

```
> # データの表示
> head(sim_garch, n = 2)
          garch      sigma        eps
[1,] 0.05450176 0.07334089 -0.62036668
[2,] 0.10283070 0.06721219  0.04211587
```

garch 列が実際のデータです。 sigma 列はボラティリティの時系列推移です。eps は今回使いません。

図示してみます。『facets = T』とすることでグラフを並べて表示させました。

```
autoplot(sim_garch[,-3], facets = T, ylab = "")
```

所々でボラティリティが大きくなり、データのブレ幅も広くなっていることが見て取れます。

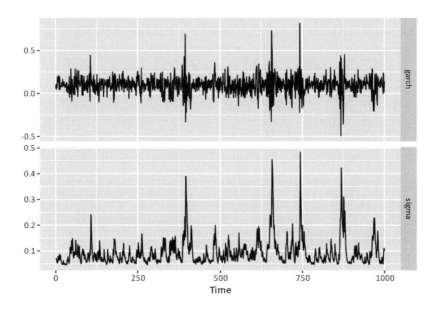

続いて、データの自己相関を確認します。2 乗した系列のコレログラムも併せて表示させました。

```
# 原系列のコレログラムの作成
p_acf <- autoplot(
  acf(sim_garch[,"garch"], plot=F),
  main="原系列のコレログラム"
)
# 2乗した系列のコレログラムの作成
p_acf_sq <- autoplot(
  acf(sim_garch[,"garch"]^2, plot=F),
  main="2乗した系列のコレログラム"
)
# グラフを並べて表示
grid.arrange(p_acf, p_acf_sq, ncol=1)
```

　原系列のコレログラムには自己相関がほとんど見られませんでしたが、2乗した系列のコレログラムでは、比較的大きな自己相関があるのがわかります。

　ボラティリティが大きいと、プラスにぶれるのかマイナスにぶれるのかはわか

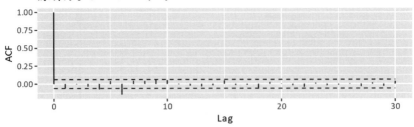

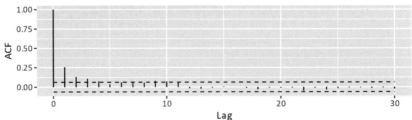

りませんが、少なくともブレ幅が大きくなります。そのため2乗して正負の符号をなくしてやると、自己相関が検出できるのです。

金融データなどでも、この特徴がみられることがあります。

3-7　fGarch パッケージによる GARCH モデル

モデル化をしてみます。fGarch パッケージの garchFit 関数を使用します。

```
mod_fGarch <- garchFit(
  formula = ~ garch(1, 1),
  data = sim_garch[,"garch"],
  include.mean = T,
  trace = F
)
```

引数には、GARCH モデルの次数、データなどを入れます。
include.mean = T は、定数項を入れるという指定です。
trace = F は計算実行時に、途中経過を表示させないという指定です。

結果はこちらです。係数のみ出力します。

```
> coef(mod_fGarch)
        mu       omega      alpha1       beta1
0.100912053 0.001170366 0.417202634 0.502388148
```

正解は『mu = 0.1, omega = 0.001, alpha = 0.4, beta = 0.5』でしたので、近い値が推定できているようです。

3-8　rugarch パッケージによる GARCH モデル

続いて rugarch パッケージを用いて、同様にモデルを推定します。

```
# モデルの構造の設定
spec_rugarch1 <- ugarchspec(
```

```
  variance.model = list(model = "sGARCH", garchOrder = c(1, 1)),
  mean.model=list(armaOrder=c(0,0), include.mean=TRUE),
  distribution.model = "norm"
)
# モデルの推定
mod_rugarch <- ugarchfit(
  spec = spec_rugarch1, data = sim_garch[,"garch"], solver='hybrid'
)
```

モデルの構造を ugarchspec 関数で指定してから、ugarchfit 関数で推定します。variance.model が分散の変動を表す GARCH モデルを指定する箇所です。『model = "sGARCH"』とすることで標準的な GARCH モデルを推定します。

mean.model が条件付期待値の変動パターンを表す個所です。

結果はこちらです。係数のみ出力します。fGarch とは少々異なる値になります。

```
> coef(mod_rugarch)
        mu       omega      alpha1      beta1
0.100912564 0.001169213 0.418497842 0.502176512
```

今回は答えがわかっているデータを使ったのですが、実際は次数などを変更していき、AIC 最小モデルを選ぶといった作業が必要となります。

しかし、作業に手間がかかるため GARCH(1,1)をとりあえず使っておくという考え方もあるようです。

3-9　ARMA-GARCH モデルの作成

今までは期待値が一定であるという前提でモデルを組んできました。

しかし ARMA モデルのように「前の時点の値によって期待値が変わる」構造を持つことも十分に考えられます。こういった条件付期待値のモデルと GARCH のような条件付き分散のモデルをまとめることも可能です。

3-9 ARMA-GARCH モデルの作成

ARMA＋GARCH のシミュレーションデータを作ってみます。パラメタの設定をしてから、シミュレーションデータを生成するという流れは同じです。パラメタに ar や ma といった、ARMA を表すものも追加しました。

```
#モデルのパラメタの設定
spec2 <- garchSpec(
  model = list(
    omega = 0.001, alpha = 0.5, beta = 0.4,
    mu = 0.1, ar = -0.6, ma = -0.5
  ),
  cond.dist = "norm"
)
# シミュレーションデータの生成
set.seed(0)
sim_arma_garch <- garchSim(
  spec2,
  n = n_sample,
  extended = F
)
```

extended = F はボラティリティなどを出力せず、原系列データのみを出力するという指定です。

まずは、これに普通の ARMA(1,1)モデルを推定してみます。以前にも登場しましたが forecast パッケージの Arima 関数を使用します。

```
> # ARMA モデル
> mod_arma <- Arima(sim_arma_garch, order=c(1,0,1))
> # 残差のチェック
> checkresiduals(mod_arma)
```

```
          Ljung-Box test

data:  Residuals from ARIMA(1,0,1) with non-zero mean
Q* = 52.804, df = 7, p-value = 4.052e-09

Model df: 3.   Total lags used: 10


> jarque.bera.test(mod_arma$residuals)

          Jarque Bera Test
data:  mod_arma$residuals
X-squared = 3617.7, df = 2, p-value < 2.2e-16
```

Ljung-Box testもjarque.bera.testもともに有意となってしまいました。残差は自己相関があるし、正規分布にも従わないということです。これはいけません。

そこでARMA＋GARCHモデルを推定します。mean.modelにarmaOrder=c(1,1)を設定するだけです(4行目)。

```
# モデルの構造の設定
spec_rugarch2 <- ugarchspec(
  variance.model = list(model = "sGARCH", garchOrder = c(1, 1)),
  mean.model=list(armaOrder=c(1,1), include.mean=TRUE),
  distribution.model = "norm"
)
# モデルの推定
mod_arma_garch <- ugarchfit(
  spec = spec_rugarch2, data = sim_arma_garch, solver='hybrid'
)
```

推定結果を直接出力すると、残差の検定結果なども表示してくれます。分量が相当多いので一部省略して記載します。

```
> coef(mod_arma_garch)
          mu           ar1           ma1         omega        alpha1
 0.0619507448 -0.5976673455 -0.5049523792  0.0008803726  0.4498012639
       beta1
 0.4691972637
> mod_arma_garch
Weighted Ljung-Box Test on Standardized Residuals
------------------------------------
                        statistic p-value
Lag[1]                     0.6341  0.4259
Lag[2*(p+q)+(p+q)-1][5]    1.7277  0.9899
Lag[4*(p+q)+(p+q)-1][9]    3.0037  0.8901
d.o.f=2
H0 : No serial correlation


Weighted Ljung-Box Test on Standardized Squared Residuals
------------------------------------
                        statistic p-value
Lag[1]                    0.01628  0.8985
Lag[2*(p+q)+(p+q)-1][5]   2.34089  0.5403
Lag[4*(p+q)+(p+q)-1][9]   5.02478  0.4258
d.o.f=2
```

『残差÷ボラティリティ』を計算することで、ボラティリティの大きさを排除した標準化残差を計算することができます。そのうえで、2つのモデルの残差を図示してみます。

```
# 標準化残差：ARMA+GARCH
```

```
resid_arma_garch <- residuals(mod_arma_garch) / sigma(mod_arma_garch)
# 標準化残差：ARMA
resid_arma <- mod_arma$residuals / sqrt(mod_arma$sigma2)
```

GARCH モデルにおいて、標準化残差の計算は『residuals(mod_arma_garch, standardize = T)』としても同じ結果が得られます。

標準化残差を図示します。

```
# データをまとめる
d <- data.frame(
  arma_garch = resid_arma_garch,
  arma = resid_arma
)
# 図示
autoplot(ts(d), facets = T, ylab = "", main = "標準化残差")
```

ARMA+GARCH モデルの標準化残差はデータのブレ幅がほぼ一定であるもの

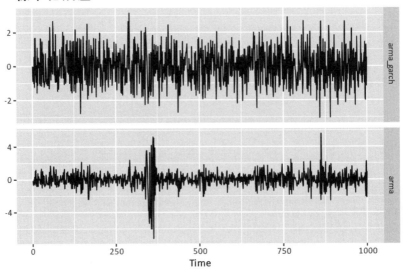

の、ARMA モデルの残差はブレ幅が狭い時期と広い時期が混在していることがわかります。

3-10　R による GJR モデル

次は、GJR モデルを推定します。別のサンプルデータを対象として分析を試みます。spyreal というアメリカの株式インデックスデータです。

```
> data(spyreal)
> head(spyreal, n=2)
                SPY_OC        SPY_RK
2002-01-02 0.005115101 0.010044750
2002-01-03 0.010151498 0.005342828
```

GJR-GARCH(1,1)モデルを推定します。『model = "gjrGARCH"』と指定するだけです。また確率分布を t 分布に変えておきました (distribution.model = "std")。

```
# モデルの構造の指定
spec_rugarch3 <- ugarchspec(
  variance.model = list(model = "gjrGARCH", garchOrder = c(1, 1)),
  mean.model     = list(armaOrder = c(1, 1)),
  distribution.model = "std"
)
# GJR GARCH の推定
mod_gjr <- ugarchfit(
  spec = spec_rugarch3, data = spyreal[,1], solver='hybrid'
)
```

結果はこちらです。

```
> coef(mod_gjr)
```

	mu	ar1	ma1	omega	alpha1
	-4.377574e-05	5.682797e-01	-6.382338e-01	3.858231e-07	3.739245e-06
	beta1	gamma1	shape		
	9.528466e-01	7.932203e-02	1.503937e+01		

『gamma1』が負のノイズが入った時にかかる影響を表すパラメタです。プラスの値（0.079322）になっていることから、負のノイズが加わると、正のノイズよりもボラティリティが大きくなるという結果となりました。

この影響が、本当にあるのかどうか、AICによるモデル選択で確かめてみます。そのために、まずは非対称な影響がない普通の GARCH モデルを推定します。

```r
# 普通の GARCH モデルの作成
spec_rugarch4 <- ugarchspec(
  variance.model = list(model = "sGARCH", garchOrder = c(1, 1)),
  mean.model     = list(armaOrder = c(1, 1)),
  distribution.model = "std"
)
# モデルの推定
mod_standard_garch <- ugarchfit(
  spec = spec_rugarch4, data = spyreal[,1], solver='hybrid'
)
```

AIC の値を比較します。infocriteria 関数を使うと、様々な情報量規準が出力されます。AIC のみを抽出して表示します。

```r
> infocriteria(mod_gjr)["Akaike",]
[1] -6.824111
> infocriteria(mod_standard_garch)["Akaike",]
[1] -6.800208
```

これを見ると、GJR モデルの AIC の方がわずかに小さくなっています。このた

め、非対称な影響を加味したほうが良いのではないかという結果となりました。

推定されたボラティリティの変動を図示します。推定されたボラティリティは『sigma(mod_gjr)』で抽出することができます。

```
# データをまとめる
d_xts <- spyreal[,1]
d_xts$volatility <- sigma(mod_gjr)
# 図示
autoplot(d_xts, facets = T, ylab = "")
```

元のデータと比べると、ボラティリティの変動をうまく表現できていることがわかります。

結果は省略しますが、50時点先まで予測をする場合は以下のように指定をします。系列の予測値(期待値)と分散の予測値がともに出力されます。

```
pred <- ugarchboot(mod_gjr, n.ahead = 50, method = "Partial")
```

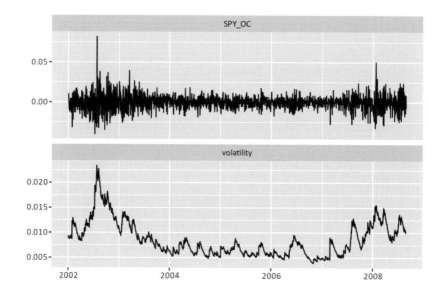

第4部　状態空間モデルとは何か

　状態空間モデルは、単一のモデルというよりかはむしろ、様々な分析手法を統合したフレームワークといえます。

　今までの章で解説してきた ARIMA モデルなどは、状態空間モデルと呼ばれる形式でモデル化及びパラメタ推定を行うことが可能です。

　状態空間モデルは非常に表現の幅が広い統計モデルといえますが、その裏返しとして学ぶ内容が多岐にわたる、分析の自動化が困難で Box-Jenkins 法と比べて属人性が高いという課題もあります。

　ここでは状態空間モデルの概要を説明するとともに、この本における状態空間モデルの解説の進め方を述べます。

1章　状態空間モデルとは何か

まずは広く浅く、状態空間モデルとは何者で、ARIMA モデルなどと比べてどのようなメリット・デメリットがあるかを説明します。

1-1　状態空間モデルとは何か

最初に、状態空間モデルとは何者かを説明します。

状態空間モデルは、その名の通り目に見えない「状態」があることを仮定した時系列モデルの1種です。

例えば毎日欠かさず同じ湖で釣りをしている人がいたとしましょう。ある日には5尾、ある日には3尾……と毎日の釣獲データが時系列データとして得られます。

釣獲尾数が多ければ、湖の中にたくさん魚がいると想像できますね。

その湖には川が流れ込んできており、そこから魚が出入りすることもあります。釣獲データから魚の出入りの数を推定できるかもしれません。

しかし、釣獲尾数という観測値は貴重な情報を持っているのは確かですが、これだけで「湖の中の魚の数」を表現できるとは思えません。

例えば、たまたまその日が暑かったので魚の食いつきが悪かったとか、針を変えると食いつきがよくなったとか、そういった「観測誤差」が入ることによっても釣獲尾数は変化します。

そこで状態空間モデルの出番です。

状態空間モデルは、湖の中の魚の数を目に見えない「状態」として取り扱います。そして状態の変化と観測誤差を明確に切り離します。

本当に湖の中の魚の数が変わったとみなせるのか、観測誤差の範疇なのか、これを明らかにできるのが、状態空間モデルの一つの利点です。

また「状態」と「観測値」を分けることによって、人間が理解しやすい形式で

データを表現できるようになりました。

状態の変化を記述する方程式を状態方程式と呼びます。

状態から観測値が得られるプロセスを記述する方程式を観測方程式と呼びます。

この本では2つを合わせて状態・観測方程式と呼ぶことにします。

1-2　状態空間モデルのメリット・デメリット

状態空間モデルのメリット・デメリットはBox-Jenkins法と対照的です。

メリット
- 過去の知見や私たちの直感を、自由に表現してモデル化できる
  - ARIMAなどの古典的なモデルも、状態空間モデルで表現可能
- 推定されたモデルの解釈が容易
- 差分をとるといった前処理が不要
- 欠損値があってもそのまま分析ができるし、補間も簡単に実行できる

デメリット
- Box-Jenkins法のような分析のルールが定まっていない

状態空間モデルだけで、古典的な時系列モデルも表現することができます。純粋に表現できる構造が増えたと思ってもらって結構です。その裏返しとして、できることが多すぎるので、モデリングの自動化はやや困難となりました。実装も少し難しくなります。

状態空間モデルを用いたからといって、Box-Jenkins法よりも予測精度が上がる保証がないことにも注意が必要です。分析の目的や使用できるデータによっては、運用コストの低いBox-Jenkins法を用いるべき時もあるかもしれません。

しかし、モデルの解釈が簡単なので、モデルの改善といった工夫がしやすいことは大きなメリットです。モデルの改善を通して予測精度が上がる可能性もあるでしょう。

2章　状態空間モデルの学び方

　状態空間モデルを使うことで、今まで学んできた様々なモデルを統一的に取り扱うことができるようになります。

　とはいえ、状態空間モデルは少々複雑であるため、まずは「状態空間モデルの学び方」から解説します。

2-1　状態空間モデルを学ぶとは、何を学ぶことか

　状態空間モデルを学ぶには、以下の手順で進めるのが良いかと思います。

1. 状態空間モデルとはそもそも何者か、を学ぶ
2. 状態・観測方程式という表現形式と基本構造時系列モデルを学ぶ
3. 状態・観測方程式であらわされた数式を、実データへ適用する方法を学ぶ
   - (ア) パラメタの推定方法を学ぶ
   - (イ) R言語などを用いた実装方法を学ぶ
   - (ウ) 実際の分析例を通して、以下の作業手順を学ぶ
     - ① モデルの構造を決める
     - ② パラメタを推定する
     - ③ 予測・解釈にモデルを活用する

　ARIMAモデルと違って、「全自動！　状態空間モデル推定関数」のようなものはありません。

　状態空間モデルを使えば様々なことができます。逆に言えば、何をやりたいのか、自分で決めなくてはなりません。

　これは、手間がかかるという意味では欠点ともいえます。

　手間がかかるという欠点を補って余りある「できることが増える」というメリットを享受できることが、状態空間モデルを学び、それを使う人の、当面のゴールといえるでしょう。

　モデルの構築を行った後、モデルの選択や評価を行うことがあります。モデル選択は AIC などを用い、評価は残差の自己相関の検定などを行うことになりま

す。このあたりの手順に関してはコマンダー・クープマン(2008)や野村(2016)などを参照してください。

ただし、状態空間モデルは AIC を用いた機械的なモデル選択が行いにくいこともあります。この本では状態空間モデルの基本的な理論や実装を学ぶことに注力する意味も含め、AIC を用いたモデル選択や残差の評価は行いません。

2-2　データの表現とパラメタ推定は分けて理解する

状態空間モデルを学ぶコツをご説明します。それは「状態空間モデルを用いたデータの表現方法」と「パラメタ推定の方法」を分けて学ぶことです。

- これから何をやればいいのかわかる。
- やらなくちゃいけないことを、どうやって達成すればいいのかわかる。

この 2 つはまったく異なるスキルです。

同様に以下の 2 つの技術も明確に別物です。
- 状態空間モデルを用いてデータを表現する方法がわかる
- パラメタ推定の方法がわかる

状態空間モデルには、様々な専門用語が出てきます。専門用語が飛び交う書籍や会話もあるでしょう。このとき「状態空間モデルを用いたデータの表現」に関する話なのか「パラメタ推定」に関する話なのかは、必ず見分けるようにしてください。これは文字通り話が通じるか否かを分ける重要なポイントとなります。

なお、パラメタの推定は、基本的には R や Stan といったソフトウェアが担うので、極端な話、深く理解できなくてもコードさえかければ分析はできます（もちろん理解しておくに越したことはありません。この本でも解説します）。

逆に「状態空間モデルを用いたデータの表現」ができないと、状態空間モデルを用いた分析は不可能です。まずはこの表現形式に重点を当てて学ばれると良いでしょう。

2-3 データの表現：状態方程式・観測方程式

状態空間モデルにおけるデータの表現は、状態方程式と観測方程式と呼ばれる形式で表されます。

状態方程式：状態の変化のプロセスを記述
観測方程式：状態から観測値が得られるプロセスを記述

状態方程式や観測方程式の概念式は以下のようになります。

$$\begin{aligned} 状態 &= 前時点の状態を用いた予測値 + 過程誤差 \\ 観測値 &= 状態 + 観測誤差 \end{aligned} \quad (4\text{-}1)$$

1つ目の式が状態方程式で、2つ目の式が観測方程式です。
データとの対応については次章以降で説明します。

2-4 パラメタ推定：その分類

正確な分類ではありませんが、パラメタの推定は大きく、○○フィルタと名前がついているグループ(この本ではフィルタリング系と呼称します)と MCMC 法を用いてモデルを推定するグループに分かれます。
フィルタリング系の中だけでも様々な種類があり、用途に応じて使い分ける必要があります。

この本では、フィルタリング系の代表としてカルマンフィルタを、MCMC の代表として HMC 法を紹介します。
第5部ではカルマンフィルタを扱い、第6部で HMC 法を用いた状態空間モデルの推定方法を学びます。

2-5 パラメタ推定：カルマンフィルタと最尤法

状態空間モデルを推定する手法として最も有名なものがカルマンフィルタ＋最尤法の組み合わせです。

カルマンフィルタは、目に見えない「状態」を効率よく推定するためのアルゴリズムです。最尤法はパラメタの推定方法です。

状態の推定とパラメタの推定に分かれていることに注意してください。

カルマンフィルタ＋最尤法の組み合わせにおけるメリットとデメリットを説明します。

メリット
- パラメタ推定と状態の推定を分けることができるので、一度パラメタが決まってしまえば、データが手に入るたび、逐次的に、状態の推定や予測を行うことができる
- MCMCと比べると計算は比較的容易
- Rだけを使って、比較的短いコードで実装できる

デメリット
- 正規分布に従い、かつ線形なデータにしか適用できない

比較的簡単に実装できる代わりに、表現の幅がやや狭まるのがこの方法だと思えば良いでしょう。正規分布かつ線形という制約があるため、この方式で推定されるモデルは「線形ガウス状態空間モデル」と呼ばれます。別名は「動的線形モデル(Dynamic Linear Models：DLM)」です。

フィルタリング系には、非正規分布・非線形のデータに適用する手法として粒子フィルタと呼ばれる方法もありますが、この本では解説しません。

2-6　パラメタ推定：ベイズ推論とHMC法

もう一つの方法は、ベイズ推論＋HMC法の組み合わせを用いてパラメタを推定するものです。

状態の推定とパラメタの推定は同時に行われます。

HMC法におけるメリットとデメリットを説明します。

メリット
- 非正規分布、非線形のデータにも適用可能
- Stan というソフトウェアを用いることで、データ生成過程を直接コードに書き下すことができる

デメリット
- コンピュータの負荷という面で見ても、属人性の高さという点で見ても、分析に手間と時間がかかる
- 状態の推定とパラメタの推定を同時に行うため、逐次的な処理は苦手。一度の計算に多くの時間がかかることもしばしばある
- Stan の使い方にも習熟する必要がある

平たく言うと、計算が難しい代わりに、幅広い表現ができるのが、この方法です。

第5部　状態空間モデルとカルマンフィルタ

第 5 部では以下の枠組みで説明していきます。

モデル　　　　　　：線形ガウス状態空間モデル
状態の推定方法　　：カルマンフィルタ or 散漫カルマンフィルタ
　　　　　　　　　　平滑化
パラメタ推定の方法：最尤法
用いるソフト　　　：R のみ
使用するパッケージ：dlm、KFAS(推奨)

　線形かつ正規分布（ガウス分布）という制約のついた状態空間モデルが対象となります。
　状態の推定方法が 3 つあります。カルマンフィルタと散漫カルマンフィルタはどちらか片方だけを選ぶことになります。本書では散漫カルマンフィルタを推奨します。平滑化は（散漫）カルマンフィルタを実行後に行う手順です。

　各章の内容は以下の通りです。
1 章：全体像の説明
2 章：状態方程式・観測方程式を用いた表現方法
3 章：状態推定の方法－カルマンフィルタ
4 章：状態推定の方法－散漫カルマンフィルタ
5 章：状態推定の方法－平滑化
6 章：パラメタ推定の方法－最尤法
7 章：R を用いた実装の流れ
8 章以降：KFAS を用いた実装の例

1章　線形ガウス状態空間モデルとカルマンフィルタ

第5部では線形ガウス状態空間モデルを扱います。
この章では線形ガウス状態空間モデルの全体像を説明します。
データの表現方法・状態の推定方法・パラメタの推定方法の区別をしながら読み進めてください。

1-1　表現：状態方程式・観測方程式

線形ガウス状態空間モデルは以下のように定式化されます。1つ目の式が状態方程式で、2つ目の式が観測方程式です。

$$\begin{aligned} x_t &= T_t x_{t-1} + R_t \xi_t, & \xi_t &\sim N(0, Q_t) \\ y_t &= Z_t x_t + \varepsilon_t, & \varepsilon_t &\sim N(0, H_t) \end{aligned} \quad (5\text{-}1)$$

ただしx_tはt時点の状態です。状態はk次元のベクトルをとります。すなわち、状態を様々な要素の和として表現することができるということです。

y_tはt時点の観測値です。T_t, R_t, Z_tはモデルの表現形式を決める行列です。

日本語に書き下すと以下のように解釈できます。

$$\begin{aligned} &\text{状態} = \text{前時点の状態を用いた予測値} + \text{過程誤差} \\ &\text{観測値} = \text{状態} + \text{観測誤差} \end{aligned} \quad (5\text{-}2)$$

状態の更新式(予測の計算方法)の違いなどによって様々な形に変化をします。具体的な状態・観測方程式の例については次章で説明します。

1-2　状態推定：予測とフィルタリング

フィルタリングとは、手に入った観測値を用いて、予測された状態の値を補正することを指します。

状態方程式における状態の更新式を用いて予測を行います。

●Step1：予測

状態：過去の状態　→　未来の状態(予測)
　　　　　　　　　　　　↓
観測：　　　　　　　未来の観測値(予測)

予測を出すのは良いですが、実際の観測値と異なる値になることもあるでしょう。そこでフィルタリングを行い、状態の値を補正します。

●Step2：フィルタリング(状態の補正)

状態：過去の状態　→　未来の状態(補正後)
　　　　　　　　　　　　↑
観測：　　　　　　　未来の観測値(実測値)

状態の補正が行われた後に、再度未来を予測していきます。

●Step3：予測

状態：過去の状態　→　未来の状態(補正後)　→　未来の状態(予測)
　　　　　　　　　　　　↑　　　　　　　　　　　　↓
観測：　　　　　　　未来の観測値(実測値)　　未来の観測値(予測)

最新の観測値を用いて即座に誤りを補正し、次の予測を行うことができます。
　カルマンフィルタと呼ばれるアルゴリズムを用いると、これらの計算を効率よく行うことができます。
　散漫カルマンフィルタも仕組みはほとんど変わりません。カルマンフィルタが持つ欠点を補ったものだという認識で結構です。

1-3　状態推定：平滑化

平滑化は、すべてのデータが手に入ったそのあとに、状態の補正を行う計算を指します。

●平滑化

状態：過去の状態

観測：過去の観測値　　未来の観測値

　未来の観測値を使って過去の状態を補正したところで、予測の精度は上がりません(予測すべき未来は、すでに分かっているという前提なので)。その代り、補正に使われる情報が増えたため、ノイズの影響をさらに軽減することができます。
　知識発見という意味合いで使用されることが多い技術です。
　なお、最も新しい時点においては(これ以上未来のデータが無いため)フィルタリングの結果と平滑化の結果は一致します。

1-4　パラメタ推定：最尤法

　観測データを用いて状態を補正すると簡単に述べましたが、実際にこれを計算するのには、いくつかの情報が必要となります。
　代表的なものが、過程誤差の分散の大きさと観測誤差の分散の大きさです。

　過程誤差が大きいということは、Step1 の予測を行った際に予測が当たり難いということを意味します。予測された未来の状態の精度が悪いのですから、「観測値を用いた状態の補正」をすべきです。
　観測誤差が大きいということは、観測値をあまり信用できないということを意味します。信用できない観測データを使うのですから、「観測値を用いた状態の補正」はあまり行わない方が良いでしょう。

　すなわち、過程誤差の大きさと観測誤差の大きさの比率を勘案しつつ、フィルタリング(状態の補正)を行うということです。

　そこで過程誤差の大きさと観測誤差の大きさというパラメタを、最尤法と呼ばれる方法を用いて推定します。

　最尤法を用いたパラメタ推定のイメージを簡単に述べます。

まずは、何の根拠もなくとりあえずパラメタを設定してやってカルマンフィルタを実行します。すると「テキトーに」状態の補正が行われてしまうことになりますね。この結果を逐一評価していき、パラメタの微修正を繰り返すことによって最適なパラメタを探します。このときの評価指標を尤度と呼び、尤度を最大にするパラメタ推定の方法を最尤法と呼びます。

例えば過程誤差も観測誤差も共に小さな値を設定していたとしましょう。
観測データが手に入れば、(観測誤差が小さいので)状態は補正されるはずです。さらに(過程誤差が小さいので)未来の状態も精度よく予測できているはずです。
正しく補正された上に精度よく予測された予測結果が、実データとまったく違う値になっている、すなわち予測誤差が大きければ、それはパラメタの設定が間違っていたのだとわかりますね。

平たく言うと、想定される予測誤差と実際の予測誤差を見比べて、パラメタの設定が正しいのかどうかを判断しているということです。

1-5　線形ガウス状態空間モデルを推定する流れ

モデルの推定の流れとしては以下のようになります。

①状態方程式・観測方程式を用いてモデルの構造を表現する
②「とりあえず」のパラメタを使ってフィルタリングする
③カルマンフィルタの結果を援用し、最尤法を用いてパラメタを推定する
④推定されたパラメタを用いて、再度フィルタリングを行う
⑤(必要ならば)推定されたパラメタを用いて、平滑化を行う

この本では簡単のため、常に原系列をそのまま分析にかけます。
しかし、誤差が正規分布に従っていることを前提としたモデルですので、場合によっては対数系列に対してモデル化をした方が良い結果が得られることもあります。
この場合は手順⓪としてデータの変換が入ります。ただし、対数変換は必要ですが、差分をとる必要はありません。

2章　表現：状態方程式・観測方程式による表現技法

時系列モデルを作成するためには、時系列データの構造を知ることが第一です。

時系列データの構造には様々な要素がありました。それは例えばトレンドであったり、季節性であったりします。

状態空間モデルは、そういった時系列データの構造を表現することができる強力なツールです。

この章では、どのようにしてデータを「私たち人間が理解できる表現形式に落とし込むか」を解説します。

なお、ここではパラメタの推定に関しては一切言及していないことに留意してください。状態やパラメタの推定は次章以降で行います。

2-1　線形回帰モデルと状態方程式・観測方程式

状態空間モデルの特徴をつかむために、状態空間モデル以外の統計モデルを状態方程式・観測方程式で表してみます。

以下のような、説明変数の無い、切片だけの線形回帰モデルを対象とします。

$$y_t = \alpha + v_t, \quad v_t \sim N(0, \sigma_v^2) \tag{5-3}$$

仮に、線形回帰モデルを状態方程式・観測方程式で表したならば、以下のようになるでしょう。

$$\begin{aligned} x_t &= \alpha \\ y_t &= x_t + v_t, \quad v_t \sim N(0, \sigma_v^2) \end{aligned} \tag{5-4}$$

もちろん以下のようにしても同じです。

$$\begin{aligned} x_t &= \alpha + w_t, \quad w_t \sim N(0, \sigma_w^2) \\ y_t &= x_t \end{aligned} \tag{5-5}$$

(5-4)式で解釈すると、状態の値が時点によらず常に一定であり、一定の分散の観測誤差だけがあると仮定した状態空間モデルだとみなすことができます。

計算するのは簡単なモデルですが、私たちの手元にあるデータが、こんな単純なデータ生成過程に従っているとは考えにくいですね。

2-2　自己回帰モデルと状態方程式・観測方程式

もう少しモデルを複雑にしてみます。
以下のような1次の自己回帰モデルを対象とします。

$$y_t = c + \phi_1 y_{t-1} + w_t, \quad w_t \sim N(0, \sigma_w^2) \tag{5-6}$$

これを状態方程式・観測方程式で表してみます。

$$\begin{aligned} x_t &= c + \phi_1 x_{t-1} + w_t, \quad w_t \sim N(0, \sigma_w^2) \\ y_t &= x_t \end{aligned} \tag{5-7}$$

状態の遷移を表す状態方程式にAR(1)モデルが入りました。

このモデルを見て気が付くことは、観測方程式に観測誤差が入っていないということです。AR モデルは観測誤差を認めていないモデルだったのです。

もちろん観測誤差くらいの問題であれば AR モデルを ARMA モデルに拡張してやることにより対応は可能です。

ここでは状態・観測方程式を用いることにより、AR モデルは観測誤差が考慮されていないということに気が付くことができた、ということのほうが重要です。

状態方程式にAR表現を用いることは可能です。そのうえで、さらに観測誤差を加味することも式の表現の上では極めて簡単です。私たちが「データ生成過程はきっとこんなプロセスじゃないのかな」と思ったものをその直感のまま表現できるのが、状態方程式・観測方程式を用いる表現方法のメリットです。

2-3 ローカルレベルモデル

ローカルレベルモデルは、過程誤差と観測誤差を共に認めた、比較的単純な構造を持った状態空間モデルです。様々な構造の出発点ともいえます。

ローカルレベルモデルは以下のように定式化されます。

$$\begin{aligned} \mu_t &= \mu_{t-1} + w_t, & w_t &\sim N(0, \sigma_w^2) \\ y_t &= \mu_t + v_t, & v_t &\sim N(0, \sigma_v^2) \end{aligned} \tag{5-8}$$

ただし、μ_tは状態の水準(レベル)を表す成分です。

状態の遷移だけを見ると、ホワイトノイズの累積和、すなわちランダムウォーク系列になっていることがわかります。これに観測誤差が加わったものですので、ローカルレベルモデルは別名、ランダムウォーク・プラス・ノイズモデルとも呼ばれます。

過程誤差の分散σ_w^2と観測誤差の分散σ_v^2は未知パラメタとして推定する必要があります。

2-4 この章で扱う具体例

記号だけを使っていてもイメージがしにくいかと思われますので、この章では以下のように状態と観測値を定めます。
状態：t時点における潜在的な商品の購買力
観測：t時点における実際の売り上げデータ

観測誤差としては、例えば雨が降ったからお客さんが来なくなったとか、商品棚がぐちゃぐちゃになっていて一時期売れにくくなっていたとか、そういう要素を想像してください。

2-5 ローカルレベルモデルと線形回帰モデルの比較

線形回帰モデルの状態方程式・観測方程式を図示します。縦軸がありませんが、

購買力(状態)と売り上げ(観測)であると想像してください。

　状態の値はまったく変化せず、観測誤差が入ることによってのみ、私たちが目にする観測値が変化しているとみなしています。

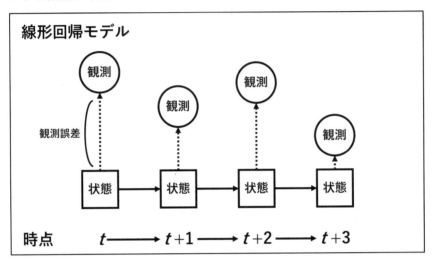

　一方のローカルレベルモデルは、過程誤差が加わることによって状態の値が変化することも認めています。

　状態はランダムウォークすると仮定されているので、長い期間で見ると、購買

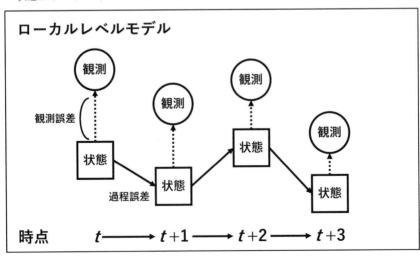

力がとても大きく変動することを認めています。
　売り上げはおおよそ一定の幅に落ち着くと考えている線形回帰モデルとは大きく異なります。

　ランダムウォーク系列は非定常過程ですので、データ生成過程がローカルレベルモデルで表現できると想定されたデータもやはり非定常過程の時系列とみなすことができます。
　ARIMA モデルのように、差分をとって定常過程に変換する必要が無いという点も記憶にとどめておいてください。

2-6　ローカルレベルモデルによる予測

　t-1 時点の状態μ_{t-1}が定まったという条件における t 時点の予測値(条件付期待値)は以下のようになります。

$$E(\mu_t|\mu_{t-1}) = \mu_{t-1} \tag{5-9}$$

　過程誤差の期待値は 0 であるので消えてなくなります。
　すなわち、t 時点の状態の予測値は t-1 時点の状態の値と全く同じということになります。観測誤差の期待値も 0 であるため、予測された観測値も状態と同じ値になります。
　将来予測という意味において、ローカルレベルモデルはあまり役に立たないことがわかります。
　ローカルレベルモデルは状態空間モデルの出発点だと思うと良いでしょう。そのため、フィルタリングやパラメタ推定も容易です。

2-7　ローカルレベルモデルと ARIMA モデルの関係

　ローカルレベルモデルにおける観測値の差分系列をとり、ARIMA モデルとの対応を確認します。

　ローカルレベルモデルの状態方程式・観測方程式を再掲します。

$$\mu_t = \mu_{t-1} + w_t, \quad w_t \sim N(0, \sigma_w^2)$$
$$y_t = \mu_t + v_t, \quad v_t \sim N(0, \sigma_v^2)$$

観測値の差分をとります。

$$\begin{aligned}
\Delta y_t &= y_t - y_{t-1} \\
&= (\mu_t + v_t) - (\mu_{t-1} + v_{t-1}) \\
&= (\mu_{t-1} + w_t + v_t) - (\mu_{t-1} + v_{t-1}) \\
&= w_t + v_t - v_{t-1}
\end{aligned} \quad (5\text{-}10)$$

1時点前の観測誤差が入ってきていますね。1時点前と同じ値を使うことで自己相関を表現するモデルは移動平均モデルでした。すなわち、差分系列はMA(1)とみなすことができます。

よって、ローカルレベルモデルはARIMA(0, 1, 1)モデルと同じ意味を持つということです。

本筋からは離れますが、ローカルレベルモデルに限らず、ARMAにおけるMA成分は観測誤差を(やや婉曲的に)表現することができます。ARモデル単体ではなくARMAモデルを使う理由の一つといえます。

2-8　ローカル線形トレンドモデル

続いて状態の変化においてトレンド成分を導入します。

このとき、状態空間モデルではトレンド成分が変化することも認めたモデルを構築することができます。例えば、最初は売り上げが右肩上がりでどんどん伸びていったのが、伸びが鈍化して、次第に減少トレンドに転じる。このような状況をモデル化することができるのがローカル線形トレンドモデルです。

ローカル線形トレンドモデルの状態・観測方程式は以下のようになります。

$$\begin{aligned}
\delta_t &= \delta_{t-1} + \zeta_t, & \zeta_t &\sim N(0, \sigma_\zeta^2) \\
\mu_t &= \mu_{t-1} + \delta_{t-1} + w_t, & w_t &\sim N(0, \sigma_w^2) \\
y_t &= \mu_t + v_t, & v_t &\sim N(0, \sigma_v^2)
\end{aligned} \quad (5\text{-}11)$$

ここで、δ_t が t 時点におけるトレンドを表します。

仮にトレンド成分δ_tがなかったとしたら、ローカルレベルモデルと一致することに注意してください。ローカル線形トレンドモデルはローカルレベルモデルにトレンド成分を追加したものです。

水準μ_tの変化の大きさを表す分散σ_w^2と観測誤差の分散σ_v^2、トレンドの変化の大きさを表す分散σ_ζ^2は未知パラメタとして推定する必要があります。

2-9　ローカル線形トレンドモデルと線形回帰の比較

ローカル線形トレンドモデルをそのまま理解するのは少し難しいので、線形回帰モデルと比較してその特徴を見ていくことにします。

トレンドが一定であることを仮定して、線形回帰モデルを用いて売り上げをモデル化してみます。

切片がαで傾き(トレンド)がβである線形回帰モデルとなります。

$$y_t = \alpha + t \cdot \beta + v_t, \quad v_t \sim N(0, \sigma_v^2) \tag{5-12}$$

これを状態方程式・観測方程式で表します。

$$\begin{aligned}\delta_t &= \beta \\ \mu_t &= \mu_{t-1} + \delta_{t-1} \\ y_t &= \mu_t + v_t, \quad\quad v_t \sim N(0, \sigma_v^2)\end{aligned} \tag{5-13}$$

ただし、状態の初期値$\mu_0 = \alpha$です。

ローカル線形トレンドモデルとの違いは以下の2点です。
1. トレンドの値は変化しない
2. 過程誤差がない

トレンドβが2であれば、売り上げは毎日2万円ずつ増えていくと予測されることになります。

2-10　ローカル線形トレンドモデルによる予測

　ローカル線形トレンドモデルはトレンド成分が時間によって変化することを想定した時系列モデルです。
　トレンド成分はホワイトノイズの累積和、すなわちランダムウォーク系列で近似できると想定しています。
　ランダムウォーク系列の予測値は1時点前の値そのものです。すなわち1時点先のトレンドの値は、現在のトレンドの値と等しいと予測されるわけです。

　なんだ、トレンドが変化しないじゃないかと思われるかもしれません。
　しかし、カルマンフィルタにより、観測値が得られるたびにトレンドの値も補正が入ります。
　例えば、右肩上がりの正のトレンドを前提として予測していたのにかかわらず、観測値が低い値になったとします。するとトレンド成分に補正が入り、おそらく予測値よりも小さなトレンドに修正されることでしょう。

　データが得られるたびにトレンド成分を更新していき、「修正済みの最新のトレンド成分」に基づいて将来の予測を行う。これがローカル線形トレンドモデルによる予測です。

2-11　行列による線形ガウス状態空間モデルの表現*

　線形ガウス状態空間モデルの一般的な状態方程式・観測方程式を再掲します。

$$x_t = T_t x_{t-1} + R_t \xi_t, \quad \xi_t \sim N(0, Q_t)$$
$$y_t = Z_t x_t + \varepsilon_t, \quad \varepsilon_t \sim N(0, H_t)$$

この式とローカルレベルモデルの対応はわかりよいかと思います。

　ローカルレベルモデルの状態方程式・観測方程式を再掲します。

$$\mu_t = \mu_{t-1} + w_t, \quad w_t \sim N(0, \sigma_w^2)$$
$$y_t = \mu_t + v_t, \quad v_t \sim N(0, \sigma_v^2)$$

ローカルレベルモデルでは各々の要素が以下のようになります。

$$T_t = 1, \ R_t = 1, \ Z_t = 1$$
$$x_t = \mu_t, \ Q_t = \sigma_w^2, \ H_t = \sigma_v^2 \tag{5-14}$$

小難しい部分が消えただけという感じですね。ローカルレベルモデルは行列演算無しで計算ができるのでとても簡単です。

ローカル線形トレンドモデルは各々の要素が以下のようになります。

$$T_t = \begin{pmatrix} 1 & 1 \\ 0 & 1 \end{pmatrix}, \ R_t = \begin{pmatrix} 1 & 0 \\ 0 & 1 \end{pmatrix}, \ Z_t = \begin{pmatrix} 1 & 0 \end{pmatrix}$$
$$x_t = \begin{pmatrix} \mu_t \\ \delta_t \end{pmatrix}, \ Q_t = \begin{pmatrix} \sigma_w^2 & 0 \\ 0 & \sigma_\zeta^2 \end{pmatrix}, \ H_t = \sigma_v^2 \tag{5-15}$$

こちらは少々複雑になっていますが、行列の掛け算の公式を思い出していただければ、以下の式と同じになっていることがわかるのではないかと思います。

$$\delta_t = \delta_{t-1} + \zeta_t, \qquad \zeta_t \sim N(0, \sigma_\zeta^2)$$
$$\mu_t = \mu_{t-1} + \delta_{t-1} + w_t, \quad w_t \sim N(0, \sigma_w^2)$$
$$y_t = \mu_t + v_t, \qquad v_t \sim N(0, \sigma_v^2)$$

なお、この行列演算がわからなくても、KFASなどのパッケージを使用するため、分析にそれほどの支障はありません。

ただ、実際の計算においては、内部で(5-15)のような置き換えが為されたうえで予測などが実行されているということだけ留意してください。ご自身でスクラッチによりゼロから状態空間モデルを計算するコードを書く場合などは、この表現方式を理解しておく必要があります。

後ほど説明するほかのモデルに関しても行列表現が可能です。詳細は野村(2016)やコマンダー・クープマン(2008)などを参照してください。

2-12　補足：トレンドモデル

切片しかない線形回帰とローカルレベルモデルの関係は、ローカルレベルモデ

ルとローカル線形トレンドモデルの関係とよく似ています。

切片だけの回帰モデルは以下の通りです。

$$y_t = \alpha + v_t, \quad v_t \sim N(0, \sigma_v^2)$$

切片αに、ランダムウォークする水準μ_tを入れたものがローカルレベルモデルといえます。一方、ローカルレベルモデルの水準μ_tにランダムウォークするトレンドδ_tを入れたものがローカル線形トレンドモデルです。

ローカルレベルモデルとローカル線形トレンドモデルは共にトレンドモデルと呼ばれます。前者は1次のトレンドモデル、後者は2次のトレンドモデルです。ランダムウォークは確率的トレンドと呼ばれることを考えると、これらがトレンドモデルと呼ばれる理由がつかみやすいかもしれません。

2章7節で説明したように、ローカルレベルモデルはARIMA(0,1,1)とみなすことができます。すなわちローカルレベルモデルは1次和分過程です。同様にローカル線形トレンドモデルは2次の和分過程とみなすことができます。

ローカルレベルモデルは1階差分のモデル、ローカル線形トレンドモデルは2階差分のモデルと呼ばれることもあります。

2-13　周期的変動のモデル化

続いて季節性に代表される周期的変動を導入します。

周期的変動を表すには2通りの方法があります。1つはダミー変数を使うもので、もう1つは三角関数(sinやcos)を使うものです。

ここではダミー変数を用いる方法を説明します。四半期データの場合には以下のように表現されます。ただし$\gamma_{n,t}$はt時点におけるn番目の季節要素です。

$$\begin{aligned}
\gamma_{1,t} &= -\gamma_{1,t-1} - \gamma_{2,t-1} - \gamma_{3,t-1} + \eta_t, \quad \eta_t \sim N(0, \sigma_\eta^2) \\
\gamma_{2,t} &= \gamma_{1,t-1} \\
\gamma_{3,t} &= \gamma_{2,t-1} \\
y_t &= \gamma_{1,t} + v_t, \quad\quad\quad\quad\quad\quad\quad v_t \sim N(0, \sigma_v^2)
\end{aligned} \quad (5\text{-}16)$$

まずは四半期データだからといって4つのパラメタを推定する必要はないこと

に注意してください。

季節成分として推定する必要があるのは3つのパラメタだけです。イメージとしては、第二〜第四期の3つのパラメタだけを推定し、第一期については「それら3つのパラメタの合計」とすることで4パターンの季節性を表現していると思えばよいです。

この式で周期成分が表現できることがぱっと見でわかり難いかもしれませんので、やや冗長ですが $t+1$ 時点における 1 番目の周期成分 $\gamma_{1,t+1}$ を計算してみます。

計算の簡単のため、周期成分における過程誤差はないものとします。

$$\begin{aligned}\gamma_{1,t+1} &= -\gamma_{1,t} - \gamma_{2,t} - \gamma_{3,t} \\ &= -(-\gamma_{1,t-1} - \gamma_{2,t-1} - \gamma_{3,t-1}) - \gamma_{1,t-1} - \gamma_{2,t-1} \\ &= \gamma_{3,t-1}\end{aligned} \quad (5\text{-}17)$$

$t+1$ 時点になると、t 時点において消えてしまった $\gamma_{3,t-1}$ が復活します。

あとは各々の季節成分がローテーションで回っていくだけというのは想像がつくかと思います。

なお、季節成分の過程誤差の分散に加え、季節成分の3つのパラメタにおける初期値(すなわち 0 時点における季節要素 $\gamma_{1,0}$, と $\gamma_{2,0}$ と $\gamma_{3,0}$)は未知パラメタとして推定されなければなりません。

2-14　基本構造時系列モデル

以下の構造で表現されるモデルを、基本構造時系列モデル(Basic Structual Time Series Models)と呼びます。

$$\text{時系列データ}＝\text{トレンド}＋\text{周期的変動}＋\text{ホワイトノイズ}$$

これは状態空間モデルで表すことが可能です。観測方程式のみ表記すると以下のようになります。

$$y_t = \mu_t + \gamma_t + v_t, \qquad v_t \sim N(0, \sigma_v^2) \quad (5\text{-}18)$$

ARIMA のように「トレンドは差分をとって消す」といったわかり難いことはしません。時系列データの構造を、その構造のままモデル化します。

基本構造時系列モデルは時系列モデルを作成する際のとっかかりともなる、実用的でかつ推定もそれほど難しくない、扱いやすいモデルといえます。

基本構造時系列モデルに定常 AR 成分を加えることもあります。定常 AR 成分を入れることで、トレンドの推定値が安定することがあります。このモデルに関しては北川(2005)などを参照してください。

2-15 外生変数と時変係数モデル

ARIMAX モデルと同様に、モデルに外生変数を加えることで、外因性をモデルに組み込むことができます。外生変数のことは回帰成分とも呼ばれます。
　イベント効果などをモデルに組み込むことで、異常値の補正などができます。

線形回帰モデルや ARIMAX モデルと異なり、状態空間モデルでは回帰係数が時間によって変化する「時変係数」のモデルを構築することが可能です。
　例えば、テレビ CM などの広告を打った時、最初の数週間は大きな効果があったとしても徐々にそのインパクトが薄れていき、広告効果がなくなっていくことが予想されます。
　このような場合には、回帰係数が時間によって変化する時変係数モデルを使うのが便利です。

　例えば、ローカルレベルモデルに時変係数を導入すると、以下のようになります。

$$\begin{aligned} \beta_t &= \beta_{t-1} + \tau_t, & \tau_t &\sim N(0, \sigma_\tau^2) \\ \mu_t &= \mu_{t-1} + w_t, & w_t &\sim N(0, \sigma_w^2) \\ y_t &= \mu_t + \beta_t \psi_t + v_t, & v_t &\sim N(0, \sigma_v^2) \end{aligned} \quad (5\text{-}19)$$

ただしψ_tはt時点における外生変数の値で、β_tはt時点における回帰係数です。

回帰係数をランダムウォーク系列と仮定しています。データが得られるたびに補正が入り、最新の回帰係数を用いて将来を予測することができるという点はローカル線形トレンドモデルなどと同じです。

もちろんローカルレベルモデルに限らず、ローカル線形トレンドモデルや基本構造時系列モデルなどに外生変数を加えることも可能です。

3章　状態推定：カルマンフィルタ

ここでは状態を推定する方法として、カルマンフィルタを説明します。

計算の簡単のため、ローカルレベルモデルを対象とします。ローカルレベルモデル以外については巻末の参考文献を参照してください。

計算はパッケージを使えば数行で実装できます。計算方法よりもむしろ計算の意味を学ぶことのほうが重要です。

3-1　カルマンフィルタとカルマンゲイン

カルマンフィルタは、「状態の1期先予測」と「観測値を用いた状態の補正」を交互に繰り返していくものでした。

ローカルレベルモデルにおける「状態の1期先予測」は簡単です。
1時点前と同じ値になると予測されるだけです。

一方の「観測値を用いた状態の補正」は以下の要領で行われます。

補正後の状態
＝　補正前の状態 ＋ カルマンゲイン ×（実際の観測値－予測された観測値）

補正後の状態のことは「フィルタ化推定量」とも呼ばれます。
実際の観測値と予測結果が異なっていれば補正が行われるというのは良いかと思います。
ただし、残差の大きさそのもので補正するわけではありません。カルマンゲインという要素が間に入ってきます。
カルマンゲインは常に1以下の値をとります。すなわち「外れた分よりも少なめに補正する」わけです。

なぜカルマンゲインが間に入る必要があるのでしょうか。

3-2　カルマンゲインの求め方

どのようなときに大きく補正して、どのようなときに補正量を少なくすべきかを考えます。

まず、状態の予測誤差が大きい時、補正する量も大きくすべきです。
予測誤差が大きいということは「外れることが前提である」ということです。外れているのだから補正しましょう。

逆に観測誤差が大きい時、観測値を用いた補正量は小さくするべきです。
なぜならば、観測値が信用できないからです。信用できない観測値を用いて補正を行うのは良くないでしょう。

というわけで、カルマンゲインは以下のようにして求められます。

$$カルマンゲイン = \frac{状態の予測誤差の分散}{状態の予測誤差の分散 + 観測誤差の分散}$$

3-3　日本語で読むカルマンフィルタ

日本語の式を用いてカルマンフィルタの計算の流れを説明します。

まずは、ローカルレベルモデルを日本語訳します。
$$状態 = 前時点の状態 + 過程誤差$$
$$観測値 = 状態 + 観測誤差$$
これを基にして、予測とフィルタリングの計算の流れを見ていきます。

用語として「○○誤差」という言葉が4種類出てきます。
過程誤差と観測誤差は"誤差の増分を表すパラメタ"です。
この2つのパラメタを用いて、実際の「状態の予測誤差」と「観測値の予測誤差」が求められます。

●Step1：予測

　まずは状態を予測します。ローカルレベルモデルなので前期と変化しません。
状態の予測値 ＝ 前期の状態

　状態が次の時点に移ると、過程誤差の大きさ分だけ「状態の予測誤差」が大きくなります。
状態の予測誤差の分散 ＝ 前期の状態の予測誤差の分散 ＋ 過程誤差の分散

　状態の予測値から観測値も予測できますね。ローカルレベルモデルの場合は状態の予測値と観測値の予測値は同じになります。
観測値の予測値 ＝ 状態の予測値

　状態の予測誤差に観測誤差が加わることで「観測値の予測誤差」が求まります。
観測値の予測誤差の分散 ＝ 状態の予測誤差の分散 ＋ 観測誤差の分散

●Step2：フィルタリング(状態の補正)

　さあここで観測値が手に入りました。状態の補正に移りましょう。
　まずはカルマンゲインを求めます。

$$カルマンゲイン = \frac{状態の予測誤差の分散}{状態の予測誤差の分散 ＋ 観測誤差の分散}$$

　分母は**観測値の予測誤差の分散**としてもらっても同じです。

　次は、観測値の予測残差を求めます
観測値の予測残差 ＝ 実際の観測値 － 観測値の予測値

　カルマンゲインと予測残差を用いて、状態を補正します。
フィルタ化推定量 ＝ 補正前の状態 ＋ カルマンゲイン × 観測値の予測残差

　最後に、状態の予測誤差の分散も補正します。状態が正しく補正されれば、予測誤差の分散も小さくなるはずだからです。カルマンゲインが大きい(状態が大

きく補正された)時ほど、状態の予測誤差の分散は小さくなります。
フィルタ化推定量の分散
＝（1－カルマンゲイン）× 補正前の状態の予測誤差の分散

あとは、「補正された状態(フィルタ化推定量)」「補正された状態の予測誤差の分散(フィルタ化推定量の分散)」を用いて、さらに未来を予測していくことになります。

3-4　数式で見るカルマンフィルタ

数式を用いて、ローカルレベルモデルのカルマンフィルタの計算の流れを再度説明します。数式を用いることで、時点などの添え字がつけられるため、より正確で、誤解を生まない表現となります。

ローカルレベルモデルを再掲します。

$$\mu_t = \mu_{t-1} + w_t, \quad w_t \sim N(0, \sigma_w^2)$$
$$y_t = \mu_t + v_t, \quad v_t \sim N(0, \sigma_v^2)$$

誤差の増分を表すパラメタはσ_w^2, σ_v^2の2つです。
t時点の過程誤差がw_tであり、σ_w^2は過程誤差の分散です。
t時点の観測誤差がv_tであり、σ_v^2は観測誤差の分散です。

t時点の観測値がy_tです。
t時点までのすべての観測値$\{y_1, \ldots, y_t\}$をY_tと表記します。
t時点の観測値の予測値を$\hat{y}_t$と表記します。
t時点の観測値における予測残差を$y_{resid,t}$と表記します。

t時点の状態の予測値をμ_tと表記します。
μ_tは前時点までのデータが得られたという条件における、状態の条件付期待値とみなすことができます。
すなわち$\mu_t = E(\mu_t | Y_{t-1})$となります。

t時点の状態のフィルタ化推定量を$\mu_{t|t}$と表記します。
$\mu_{t|t} = \mathrm{E}(\mu_t|Y_t)$となります。

t時点の「状態の予測誤差の分散」をP_tと表記します。
P_tは前時点までのデータが得られたという条件における、状態の条件付き分散とみなすことができます。
すなわち$P_t = \mathrm{Var}(\mu_t|Y_{t-1})$となります。

t時点の「状態のフィルタ化推定量$\mu_{t|t}$の推定誤差分散」を$P_{t|t}$と表記します。
$P_{t|t} = \mathrm{Var}(\mu_t|Y_t)$となります。

t時点の「観測値の予測誤差の分散」をF_tと表記します。
t時点の「カルマンゲイン」をK_tと表記します。

日本語説明における『Step1：予測』に当たる計算式は以下の通りです。

$$\begin{aligned}
\mu_t &= \mu_{t-1|t-1} \\
P_t &= P_{t-1|t-1} + \sigma_w^2 \\
\hat{y}_t &= \mu_t \\
F_t &= P_t + \sigma_v^2
\end{aligned} \tag{5-20}$$

『Step2：フィルタリング』に当たる計算式は以下の通りです。

$$\begin{aligned}
K_t &= \frac{P_t}{P_t + \sigma_v^2} = \frac{P_t}{F_t} \\
y_{resid,t} &= y_t - \hat{y}_t \\
\mu_{t|t} &= \mu_t + K_t \cdot y_{resid,t} \\
P_{t|t} &= (1 - K_t)P_t
\end{aligned} \tag{5-21}$$

4章　状態推定：散漫カルマンフィルタ

続いてカルマンフィルタを改良した散漫カルマンフィルタの解説をします。カルマンフィルタのどこに問題があり、どのように解決したのかを学びます。計算の簡単のため、ローカルレベルモデルのみを対象とします。

4-1　状態の初期値の問題

予測の最初のステップは以下の通りでした。
状態の予測値 = 前期の状態
状態の予測誤差の分散 = 前期の状態の予測誤差の分散 + 過程誤差の分散

状態の予測値を出すためには「前期の状態」が必要となります。予測誤差の分散も同じです。

例えば2000年からデータを取得していたとしましょう。2001年の状態は2000年の状態から予測ができます。しかし「前時点」という存在の無い2000年の状態は、いったいどこから予測を出せばよいのでしょうか。

これはあらかじめ与えておかなければならないパラメタとなります。
これを、状態の初期値(μ_0)、「状態の予測誤差の分散」の初期値(P_0)と表記します。

後ほどRでカルマンフィルタを実装する際、dlmというパッケージを用います。このパッケージでは$\mu_0 = 0$、$P_0 = 10000000$と設定されています。
状態の初期値はとりあえず0としておくのですが「状態の予測誤差の分散」がとても大きいため、カルマンゲインも大きくなり、状態がすぐに補正されるだろうという考えのようです。

もちろんこれでも大きな支障はないのですが、明確な意味を持たないパラメタが背後で設定されているというのは理解しておく必要があります。
なお、これらの初期値が変わると、AICといった情報量規準の値も変化します。そのため明確な意味を持たないパラメタを設定しておくというこの方法は、あま

り好ましいとは言えません。

4-2　散漫初期化という解決策

そこで登場するのが散漫初期化という手法です。
散漫初期化では以下のように考えます。

- 状態の初期値はわからないのであきらめる
- その代り、「状態の予測誤差の分散」の初期値を無限大にまで大きくする

散漫初期化を用いたカルマンフィルタを散漫カルマンフィルタと呼びます。

4-3　日本語で読む散漫カルマンフィルタ

「状態の予測誤差の分散」が大きければ、予測が当たらないことを前提としているので、大きく補正されることになります。
「状態の予測誤差の分散」の初期値を無限大にまで大きくすることで、補正の大きさはとても大きくなることが予想されます。
　実のところ、1時点目におけるフィルタ化推定量は、1時点目の観測値の値と全く同じになります。

　1時点目の「状態の予測値」を求めることはできません。
　しかし1時点目の「補正後の状態(フィルタ化推定量)」ならば観測値と同じであると計算することができるのです。
　1時点目のフィルタ化推定量を用いて、2時点目の状態の予測値を求めることもできますね。2時点目以降は普通のカルマンフィルタと同じ流れで計算ができます。

　なお1時点目の「フィルタ化推定量の分散」は「観測誤差の分散」と等しくなります。
　そのため「状態の予測誤差の分散」に関しても、フィルタリングによる補正後の値ならば(無限よりも小さな値として)求めることができます。

4-4 数式で見る散漫カルマンフィルタ

※ 各変数の意味は「3章4節 数式で見るカルマンフィルタ」に準じます。

$P_0 \to \infty$ とするのが散漫初期化です。

ここで t=1 における状態のフィルタ化推定量 $\mu_{1|1}$ は以下のようにして計算されます。

$$\begin{aligned}
\mu_{1|1} &= \mu_1 + K_1 \cdot y_{resid,1} \\
&= \mu_1 + \frac{P_1}{P_1 + \sigma_v^2}(y_1 - \hat{y}_1) \\
&= \mu_0 + \frac{P_0 + \sigma_w^2}{(P_0 + \sigma_w^2) + \sigma_v^2}(y_1 - \mu_0) \\
&\to \mu_0 + (y_1 - \mu_0) \\
&= y_1
\end{aligned} \tag{5-22}$$

皆目見当もつかない「状態の初期値 μ_0」がうまい具合に消えてくれ、フィルタ化推定量は1時点目の「実際の観測値」と等しくなります。

t=1 におけるフィルタ化推定量の推定誤差分散 $P_{1|1}$ は以下のようにして計算されます。

$$\begin{aligned}
P_{1|1} &= (1 - K_1)P_1 \\
&= \left(1 - \frac{P_1}{P_1 + \sigma_v^2}\right)P_1 \\
&= \left(\frac{(P_0 + \sigma_w^2 + \sigma_v^2) - (P_0 + \sigma_w^2)}{P_0 + \sigma_w^2 + \sigma_v^2}\right)(P_0 + \sigma_w^2) \\
&= \left(\frac{\sigma_v^2}{P_0 + \sigma_w^2 + \sigma_v^2}\right)(P_0 + \sigma_w^2) \\
&\to \sigma_v^2
\end{aligned} \tag{5-23}$$

こちらもフィルタ化推定量の推定誤差分散を求めることができました。

t=2 以降は通常のカルマンフィルタと同じように計算することができます。

なお、この計算結果はローカルレベルモデルの時にしか成り立ちません。一般的には $P_0 \to \infty$ とするのが散漫初期化だと理解しておくと良いでしょう。

4-5　初期値がもたらす影響

散漫初期化を行わず、初期値を「テキトーに」決めてしまった場合、どのような結果になるのか、グラフを見て確認をしてみます。

データとしてはナイル川の流量データを用いました。

次のグラフは「状態の予測誤差の分散」の初期値 P_0 を 10^7 と 10^5 に設定して(散漫でない)カルマンフィルタを実行した結果です。

状態の初期値 μ_0 は共に 0 です。細い線が観測値で、太い線がフィルタリングによって補正された状態の推定値です。

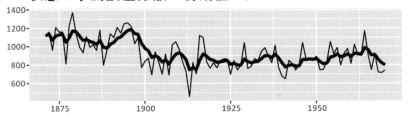

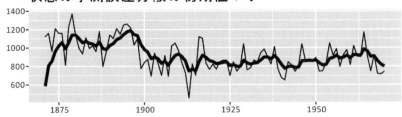

P_0 が大きい場合は、すぐに状態が補正され、おおよそ実データと近い状態値が推定されています。

一方 P_0 が小さい場合は、0 に設定した μ_0 に引きずられています。

初期値の重要性がわかるのではないかと思います。

しかし、両者とも時期を経るにつれおおよそ同じ値となっています。これはカルマンフィルタの優秀なところでして、多少パラメタの設定を間違ってしまったとしても、時間が経てばおおよそ似たような値に落ち着いてきます。

4-6　過程誤差・観測誤差の分散がもたらす影響

補足として、過程誤差・観測誤差の大きさの持つ影響を見てみます。
　次のグラフは、過程誤差の分散を大きくしたものと小さくしたものとで、推定された状態の値を比較したグラフです。

過程誤差の分散が小さければ、状態の値は初期値のままほとんど動きません。
　一方、過程誤差の分散が大きく、観測誤差の分散が小さい場合は、推定された状態と観測値がほぼ等しくなります。
　このグラフは通常のカルマンフィルタを用いて作成しましたが、散漫カルマンフィルタでもこの傾向は変わりません。

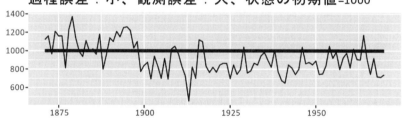

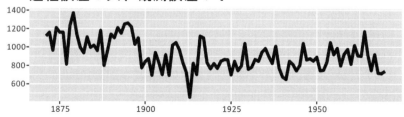

5章　状態推定：平滑化

状態を推定する方法として、平滑化(スムージング)を説明します。
計算の簡単のため、ローカルレベルモデルのみを対象とします。

5-1　平滑化の考え方

話を簡単にするため、毎日データがとられていると考えます。
今日もデータが手に入りました。これが最新の観測値です。

今日の観測値を使って、今日の状態を補正するものがフィルタリングです。
今日の観測値を使って、昨日の状態を補正するものが平滑化です。

もちろん、昨日だけでなく、二日前・三日前の状態も補正を行うことができます。「今日までのすべてのデータを使って」過去の状態を補正するというのが平滑化の基本的な考え方です。
平滑化により補正された状態は平滑化状態とも呼ばれます。

5-2　日本語で読む平滑化

平滑化のアイデアは大きく次の3つです。

アイデア①
今日、観測値が得られたが、「観測値の予測値」と大きく異なっている。
今日の予測が外れた(観測値の予測残差が大きい)のは、昨日に推定された状態の値が間違っていたからだ。
今日の予測が大きく外れていたならば、昨日の状態を大きく補正しよう。

アイデア②
昨日の状態の不確かさ（昨日の「フィルタ化推定量の分散」）が大きいまま残っているのであれば、昨日の状態を大きく補正するべきだ。

アイデア③
　今日の、理論上の予測誤差の大きさ(観測値の予測誤差の分散)が大きいのであれば、昨日の状態を補正する必要はあまりないだろう。
　信用できない観測値を用いて補正するのは良くないからだ。

　まとめると「昨日の平滑化推定量」は以下のようにして計算できることになります。

$$昨日のフィルタ化推定量 + \frac{昨日のフィルタ化推定量の分散}{今日の観測値の予測誤差の分散} \times 今日の予測残差$$

　昨日のフィルタ化推定量に対して、さらに補正が入っていることがわかります。

　二日前の平滑化推定量は「昨日の予測残差」と「今日の予測残差」の情報を共に用いて補正を行うことになります。
　しかし、日付が離れた予測残差による補正量はやや小さくなります。
　三日よりも前の状態を平滑化する場合も同様です。

　日付が新しい時点から古い時点へと計算が進んでいくため、初期値の問題はありません。ローカルレベルモデルでは、通常のカルマンフィルタでも散漫カルマンフィルタでも同様に計算されます。

5-3　数式で見る平滑化

※ 各変数の意味は「3章4節 数式で見るカルマンフィルタ」に準じます。

　最新の時点を T とします。
　日本語説明における今日という日は $t=T$ である時点だとみなせます。これでいくと昨日は T-1 時点です。
　T 時点の観測値(今日の観測値)は y_T となります。

t 時点の平滑化状態を $\hat{\mu}_t$ と表記します。$\hat{\mu}_t$ は T 時点までのすべてのデータ Y_T が得られたという条件における、状態の条件付期待値とみなすことができます。すなわち $\hat{\mu}_t = \mathrm{E}(\mu_t | Y_T)$ となります。

t 時点の平滑化状態分散を $\hat{P}_t$ と表記します。$\hat{P}_t$ は T 時点までのすべてのデータ Y_T が得られたという条件における、状態の条件付分散とみなすことができます。すなわち $\hat{P}_t = \mathrm{Var}(\mu_t | Y_T)$ となります。

状態の予測値・フィルタ化推定量・平滑化状態を比較してみます。
予測値　　　　　　　：$\mu_t\ \ = \mathrm{E}(\mu_t | Y_{t-1})$
フィルタ化推定量：$\mu_{t|t} = \mathrm{E}(\mu_t | Y_t)$
平滑化状態　　　　：$\hat{\mu}_t\ \ = \mathrm{E}(\mu_t | Y_T)$
いつの時点までのデータが得られた時の状態の推定値なのかを把握してください。

平滑化状態の計算には状態平滑化漸化式を用いるのが簡単です。これは未来から過去へ向かって計算が進められていきます。

$$r_{t-1} = \frac{y_{resid,t}}{F_t} + (1 - K_t) r_t$$
$$\hat{\mu}_t = \mu_{t|t} + P_{t|t} r_t \tag{5-24}$$

ただし、$t = T, \ldots, 1$ であり $r_T = 0$ です。このため T 時点におけるフィルタ化推定量と平滑化状態は一致します。

昨日(T-1 時点)の平滑化状態 $\hat{\mu}_{T-1}$ を計算してみましょう。日本語説明との対応を確認してください。

$$r_{T-1} = \frac{y_{resid,T}}{F_T} + (1 - K_T) r_T = \frac{y_{resid,T}}{F_T}$$
$$\hat{\mu}_{T-1} = \mu_{T-1|T-1} + \frac{P_{T-1|T-1}}{F_T} y_{resid,T} \tag{5-25}$$

二日前(T-2 時点)の平滑化状態を計算してみましょう。まずは r_{T-2} を求めます。

5-3 数式で見る平滑化

$$r_{T-2} = \frac{y_{resid,T-1}}{F_{T-1}} + (1 - K_{T-1})r_{T-1}$$
$$= \frac{y_{resid,T-1}}{F_{T-1}} + (1 - K_{T-1})\frac{y_{resid,T}}{F_T} \quad (5\text{-}26)$$

続いて平滑化状態を求めます。

$$\hat{\mu}_{T-2} = \mu_{T-2|T-2} + P_{T-1|T-2}r_{T-2}$$
$$= \mu_{T-2|T-2} + \underbrace{\frac{P_{T-2|T-2}}{F_{T-1}}y_{resid,T-1}}_{\text{昨日の予測残差による補正}} + (1 - K_{T-1})\underbrace{\frac{P_{T-2|T-2}}{F_T}y_{resid,T}}_{\text{今日の予測残差による補正}} \quad (5\text{-}27)$$

日付が空くと$(1 - K_{T-1})$だけその影響が小さくなっていることがわかります。

K_{T-1}は T-1 時点におけるカルマンゲインです。T-1 時点にフィルタリングによって既に大きく補正されているのだとしたら、それよりも新しいデータ（$t=T$ の観測値）が入ってきたとしても、これ以上補正をかける必要はないということでしょう。

平滑化状態分散$\hat{P}_t$も平滑化状態と同様に、状態分散平滑化漸化式を用いて更新していきます。

$$s_{t-1} = \frac{1}{F_t} + (1 - K_t)^2 s_t$$
$$\hat{P}_t = P_{t|t} - P_{t|t}{}^2 s_t \quad (5\text{-}28)$$

5-4　フィルタ化推定量と平滑化状態の比較

ナイル川流量データの平滑化状態を図示しました。平滑化の名前の通り、平滑化状態は、フィルタ化推定量と比べると、より滑らかに状態が変化します。

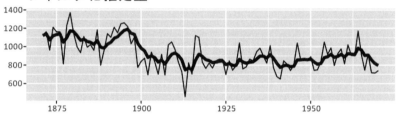

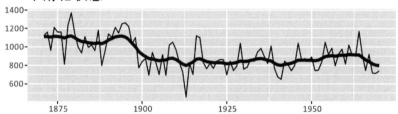

6章　パラメタ推定：最尤法

続いてパラメタ推定に移ります。

カルマンフィルタは状態を推定するアルゴリズムでした。

ここでは最尤法と呼ばれる「カルマンフィルタに用いられるパラメタを推定する方法」を説明します。

6-1　ローカルレベルモデルで推定するパラメタの種類

ローカルレベルモデルでは、過程誤差の分散と観測誤差の分散という2つのパラメタを推定します。

ローカルレベルモデルを再掲します。

$$\mu_t = \mu_{t-1} + w_t, \quad w_t \sim N(0, \sigma_w^2)$$
$$y_t = \mu_t + v_t, \quad v_t \sim N(0, \sigma_v^2)$$

σ_w^2 が過程誤差の分散です。
σ_v^2 が観測誤差の分散です。

6-2　パラメタ推定の原理

最尤法を用いたパラメタ推定の原理を復習します。

まずは、何の根拠もなくとりあえずパラメタを設定してやってカルマンフィルタを実行します。すると「テキトーに」状態の補正が行われてしまうことになりますね。この結果を逐一評価していき、パラメタの微修正を繰り返すことによって最適なパラメタを探します。このときの評価指標を尤度と呼び、尤度を最大にするパラメタ推定の方法を最尤法と呼びます。

実際には、尤度そのものだと扱いにくいため、対数をとった対数尤度を最大にするのが普通です。

カルマンフィルタ(あるいは散漫カルマンフィルタ)を実行すれば尤度は計算で

きます。平滑化を行う必要はありません。

6-3　カルマンフィルタと対数尤度

尤度は「パラメタが与えられた時に、手持ちのデータが得られる確率」です。
　線形ガウス状態空間モデルでは、データは正規分布に従うと仮定されているので、正規分布の確率密度関数を使うことで、対数尤度を計算することができます。

　正規分布の確率密度関数を用いて確率密度を計算する場合は、データ・期待値・分散の3つの要素が必要となります。

　状態空間モデルでは、以下の値を使います
● データ ＝ 観測値の予測残差
● 期待値 ＝ 0
● 分散 ＝ 観測値の予測誤差の分散

　t 時点における観測値の予測残差 $y_{resid,t}$ が、期待値 0、分散が「観測値の予測誤差の分散」F_t の正規分布に従うということです。

$$y_{resid,t} \sim N(0, F_t) \tag{5-29}$$

　まず、データとして「観測値の予測残差」を使っていることに注目してください。予測誤差は上振れすることもあれば下振れすることもあり、その期待値は0だとみなすことができます。
　あとは、「観測値の予測誤差の分散」があれば、対数尤度が計算できますね。「観測値の予測誤差の分散」は過程誤差の分散と観測誤差の分散がともに用いられているので、各々のパラメタを変えることで、対数尤度も変化します。

　理論上の予測誤差の大きさと、実際に計測された予測誤差の大きさを比較して、それが食い違っていた場合には、内部のパラメタを修正している。このように考えてもらえれば結構です。

6-4　散漫カルマンフィルタと散漫対数尤度

散漫カルマンフィルタでは、散漫初期化を用いるため、状態の予測誤差分散の初期値を無限大にまで大きくしていました。すると、最初の時点における「観測値の予測誤差の分散」も無限大に発散してしまいます。

これでは尤度を計算することができません。

そこで、散漫カルマンフィルタでは、散漫対数尤度を計算し、これを最大にするようにパラメタを推定します。

ローカルレベルモデルの場合は単純で、最初の時点においては尤度が計算できないので、計算に使わないようにするだけです。2時点目からのデータのみを用いて対数尤度を計算します。

このとき計算される対数尤度を散漫対数尤度と呼びます。

6-5　数式で見る対数尤度と散漫対数尤度

※ 各変数の意味は「3章4節 数式で見るカルマンフィルタ」に準じます。

少々数式が出てきますが、対数尤度を実際に計算してみます。ローカルレベルモデルですとそれほど複雑ではありません。

それでも難しければ、結果だけ見て、途中式は飛ばしてもらっても大丈夫です。

t 時点における観測値の予測残差 $y_{resid,t}$ は、期待値 0、分散が「観測値の予測誤差の分散」F_t の正規分布に従います。

$$y_{resid,t} \sim N(0, F_t)$$

予測残差の従う確率密度関数は以下の通りです。

$$f(y_{resid,t}) = \frac{1}{\sqrt{2\pi F_t}} e^{\left\{-\frac{(y_{resid,t})^2}{2F_t}\right\}} \tag{5-30}$$

1〜T時点までのデータが得られた時の尤度 L は以下のようになります。

$$L = \prod_{t=1}^{T} \frac{1}{\sqrt{2\pi F_t}} e^{\left\{-\frac{(y_{resid,t})^2}{2F_t}\right\}} \tag{5-31}$$

『$\prod$』というのは掛け合わせるという記号です。

対数尤度 $\log L$ は以下のように計算されます。
この値を最大にすることによって、最適なパラメタを推定します。

$$\begin{aligned}\log L &= \sum_{t=1}^{T}\left[\log\frac{1}{\sqrt{2\pi F_t}} + \log e^{\left\{-\frac{(y_{resid,t})^2}{2F_t}\right\}}\right] \\ &= \sum_{t=1}^{T}\left[\log\frac{1}{\sqrt{2\pi F_t}} - \frac{(y_{resid,t})^2}{2F_t}\right] \\ &= -\frac{T}{2}\log(2\pi) - \frac{1}{2}\sum_{t=1}^{T}\left[\log F_t + \frac{(y_{resid,t})^2}{F_t}\right]\end{aligned} \tag{5-32}$$

なお、定数項をなくしたうえでマイナス 1 をかけた以下の式を最小にしても、尤度を最大にするパラメタが得られます。

$$\frac{1}{2}\sum_{t=1}^{T}\left[\log F_t + \frac{(y_{resid,t})^2}{F_t}\right] \tag{5-33}$$

散漫対数尤度 $\log L_d$ は、$t=1$ のデータを省いた際の対数尤度と一致します。

$$\log L_d = -\frac{T-1}{2}\log(2\pi) - \frac{1}{2}\sum_{t=2}^{T}\left[\log F_t + \frac{(y_{resid,t})^2}{F_t}\right] \tag{5-34}$$

7章　実装：Rによる状態空間モデル

この章では、カルマンフィルタ・平滑化・対数尤度の計算を、実際にRで実装してみます。

パッケージを使った方法と使わない方法を併記しています。

計算の仕組みを学んだうえでパッケージの使い方を覚えてください。

7-1　この章で使うパッケージ

この章で使う外部パッケージの一覧を載せておきます。この章では断りなくこれらの外部パッケージの関数を使用することがあります。パッケージのインストールはすでに行われているとします。

```
library(dlm)
library(KFAS)
library(ggplot2)
library(ggfortify)
```

dlm がカルマンフィルタを用いて状態空間モデルを推定するパッケージです。

KFAS は散漫カルマンフィルタを用いて状態空間モデルを推定するパッケージです。

7-2　分析の対象

この章ではナイル川の流量データを分析の対象とします。1年に1回だけ観測され、1871年～1970年まで100年間取得されたデータです。

Rの組み込みデータとして用意されています。

```
> # データ
> Nile
Time Series:
Start = 1871
End = 1970
```

```
Frequency = 1
  [1] 1120 1160  963 1210 1160 1160  813 1230 1370 1140  995  935 1110
・・・中略・・・
 [92]  906  901 1170  912  746  919  718  714  740
> # サンプルサイズ
> length(Nile)
[1] 100
```

7-3　Rで実装するカルマンフィルタ：関数を作る

それでは、Rを用いて、カルマンフィルタを実装してみましょう。まずは「予測」と「フィルタリング」を行う関数を作成します。

```
kfLocalLevel <- function(y, mu_pre, P_pre, sigma_w, sigma_v) {
## Step1 予測
  mu_forecast <- mu_pre
  P_forecast <- P_pre + sigma_w
  y_forecast <- mu_forecast
  F <- P_forecast + sigma_v

## Step2 フィルタリング(状態の補正)
  K <- P_forecast / (P_forecast + sigma_v)
  y_resid <- y - y_forecast
  mu_filter <- mu_forecast + K * y_resid
  P_filter <- (1 - K) * P_forecast

  # 結果の格納
  result <- data.frame(
```

```
        mu_filter = mu_filter,
        P_filter = P_filter,
        y_resid = y_resid,
        F = F,
        K = K
    )
    return(result)
}
```

変数の意味は以下の通りです。

y	：観測値
y_forecast	：観測値の予測値
y_resid	：観測値の予測残差
mu_pre	：前期の状態
mu_forecast	：状態の予測値
mu_filter	：補正後の状態(フィルタ化推定量)
P_pre	：前期の状態の予測誤差の分散(mu_pre の分散)
P_forecast	：状態の予測誤差の分散(mu_forecast の分散)
P_filter	：フィルタ化推定量の分散(mu_filter の分散)
F	：観測値の予測誤差の分散(y_resid の分散)
K	：カルマンゲイン
sigma_w	：過程誤差の分散
sigma_v	：観測誤差の分散

『kfLocalLevel <- function(y, mu_pre, P_pre, sigma_w, sigma_v)』となっているため、引数として「今期のデータ」「前期の情報」と「過程誤差・観測誤差の分散というパラメタ」を指定してやると、フィルタ化推定量などが計算される仕様となっていることがわかります。

3 章の「状態推定：カルマンフィルタ」と合わせて読むことで、対応がつかめるはずです。

7-4　Rで実装するカルマンフィルタ：状態を推定する

先ほど作ったカルマンフィルタ関数を、時点をずらしながら何度も実行することで、フィルタ化推定量を求めることができます。

やってみましょう。まずは、フィルタ化推定量などを格納しておく入れ物を用意します。

このとき、状態の初期値は 0 に、状態の予測誤差の分散の初期値は 10 の 7 乗としておきました。

```
# サンプルサイズ
N <- length(Nile)
# 状態の推定値
mu_filter <- numeric(N)
# 「状態」の初期値は 0 とします
mu_zero <- 0
mu_filter <- c(mu_zero, mu_filter)
# 状態の予測誤差の分散
P_filter <- numeric(N)
# 「状態の予測誤差の分散」の初期値は 10000000 にします
P_zero <- 10000000
P_filter <- c(P_zero, P_filter)
```

続いて、観測値の予測残差などを格納する入れ物も用意しておきます。

```
# 観測値の予測残差
y_resid <- numeric(N)
# 観測値の予測誤差の分散
F <- numeric(N)
# カルマンゲイン
```

7-4　Rで実装するカルマンフィルタ：状態を推定する　　227

```
K <- numeric(N)
```

時点 0 の初期値があるため、配列の長さが異なっていることに注意します。

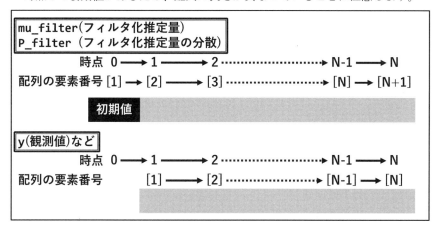

最後に、過程誤差・観測誤差の分散を指定します。このパラメタは後ほど最尤法を用いて、最適な値に変更します。暫定的に 1000 と 10000 としておきました。

```
# 過程誤差の分散
sigma_w <- 1000
# 観測誤差の分散
sigma_v <- 10000
```

準備が終わりましたので、for ループを回して、kfLocalLevel 関数を、時点をずらしながら、連続で実行させます。

```
for(i in 1:N) {
  kekka <- kfLocalLevel(
    y = Nile[i], mu_pre = mu_filter[i], P_pre = P_filter[i],
    sigma_w = sigma_w, sigma_v = sigma_v
  )
```

```
  mu_filter[i + 1] <- kekka$mu_filter
  P_filter[i + 1] <- kekka$P_filter
  y_resid[i] <- kekka$y_resid
  F[i] <- kekka$F
  K[i] <- kekka$K
}
```

結果は示しませんが『mu_filter』などを見ると、フィルタ化推定量が計算されていることがわかります。

7-5　Rで実装するカルマンフィルタの対数尤度

最適なパラメタを求めるために、対数尤度を計算します。

観測値の予測残差(y_resid)が、期待値＝0、分散＝観測値の予測誤差の分散(F)の正規分布に従うことを利用して、対数尤度を求めます。

$$y_{resid,t} \sim N(0, F_t)$$

まずは正規分布の確率密度を計算してくれる dnorm 関数を用いて対数尤度を求めてみます。

```
> sum(log(dnorm(y_resid, mean = 0, sd = sqrt(F))))
[1] -646.3254
```

(5-32)式のように、正規分布の確率密度関数を直接用いて計算することもできます。

```
> -1 * (N/2) * log(2 * pi) - 1/2 * sum(log(F) + y_resid^2 / F)
[1] -646.3254
```

前半の『-1 * (N/2) * log(2 * pi)』は定数ですので、(5-33)式のように y_resid や F が用いられている個所だけを使っても構いません。

```
> 1/2 * sum(log(F) + y_resid^2 / F)
[1] 554.4316
```

正負が逆になっているので、この指標を最小にするようにパラメタ(sigma_w と sigma_v)を変更してやることで、対数尤度を最大にするパラメタを求めることができます。

7-6　Rで実装する最尤法

対数尤度を最大にするパラメタを求めてみましょう。

まずは、パラメタ(sigma_w と sigma_v)を引数に入れると、即座に対数尤度を計算してくれる関数を作ります。

ここでは3番目の計算方法『1/2 * sum(log(F) + y_resid^2 / F)』を使うようにしました。

```
calkLogLik <- function(sigma) {
  sigma_w <- exp(sigma[1]) # 分散は負にならないので EXP をとる
  sigma_v <- exp(sigma[2]) # 分散は負にならないので EXP をとる
  # 変数の定義など
  N <- length(Nile)              ; mu_filter <- numeric(N)
  mu_zero <- 0                   ; mu_filter <- c(mu_zero, mu_filter)
  P_filter <- numeric(N)         ; P_zero <- 10000000
  P_filter <- c(P_zero, P_filter) ; y_resid <- numeric(N)
  F <- numeric(N)                ; K <- numeric(N)
  # カルマンフィルタの実行
  for(i in 1:N) {
    kekka <- kfLocalLevel(
      y = Nile[i], mu_pre = mu_filter[i], P_pre = P_filter[i],
      sigma_w = sigma_w, sigma_v = sigma_v
    )
```

```
    mu_filter[i + 1] <- kekka$mu_filter
    P_filter[i + 1] <- kekka$P_filter
    y_resid[i] <- kekka$y_resid
    F[i] <- kekka$F
    K[i] <- kekka$K
  }
  return(1/2 * sum(log(F) + y_resid^2 / F))
}
```

基本的には 4〜5 節でのコードをまとめただけとなります。セミコロン(;)を使うことで、1 行に複数のコードをまとめて記述することができます。

大事なのは 2〜3 行目です。『sigma_w <- exp(sigma[1])』のように exp をかませたものを分散として用いるようにしました。分散は負にならないため、指数関数を挟んだわけです。

パラメタの最適化には様々な方法がありますが、R 標準の optim 関数を用いる方法を用います。optim 関数には、最適化の対象となる関数、テキトーに定めた(変化させる対象となる)パラメタ、最適化のアルゴリズムを指定します。

```
best_sigma <- optim(calkLogLik, par = c(1,1), method = "L-BFGS")
```

結果はこちらです。exp をかませないと、正しい値にならないことに注意してください。

```
> exp(best_sigma$par)
[1]   1468.461 15099.836
```

sigma_w=1468.461、sigma_v=15099.836 となりました。

ここで推定されたパラメタを用いてカルマンフィルタを再実行することで、より正しく状態を推定することができるようになります。

この本では紙数の関係上、最初に設定した sigma_w=1000、sigma_v=10000 のままで計算を進めていきます。

7-7　Rで実装する平滑化：関数を作る

続いて、平滑化を行う関数を作ります。

平滑化はフィルタリングが終わった後に行う作業です。先ほどのカルマンフィルタの結果を用いて、「未来から過去へ」という順番で計算を進めます。

```
smoothLocalLevel <- function(mu_filterd, P_filterd, r_post, s_post,
                             F_post, y_resid_post, K_post) {
  # 状態平滑化漸化式
  r <- y_resid_post/F_post + (1 - K_post) * r_post
  mu_smooth <- mu_filterd + P_filterd * r
  # 状態分散平滑化漸化式
  s <- 1/F_post + (1 - K_post)^2 * s_post
  P_smooth <- P_filterd - P_filterd^2 * s
  # 結果の格納
  result <- data.frame(
    mu_smooth = mu_smooth,
    P_smooth = P_smooth,
    r = r,
    s = s
  )
  return(result)
}
```

『_post』と付いたら、これは「1時点未来の情報」であることを示しています。変数の意味は以下の通りです。

r　　　　　　　：状態平滑化漸化式のパラメタ
s　　　　　　　：状態分散平滑化漸化式のパラメタ
mu_smooth　　　：平滑化状態
P_smooth　　　 ：平滑化状態分散(mu_smoothの分散)

(5-24)(5-28)の漸化式を用いました。

7−8　Rで実装する平滑化：状態を推定する

実際に平滑化を行います。まずは結果を格納する入れ物を用意します。

```
# 平滑化状態
mu_smooth <- numeric(N + 1)
# 平滑化状態分散
P_smooth <- numeric(N + 1)
# 漸化式のパラメタ（初期値は 0 のままでよい）
r <- numeric(N)
s <- numeric(N)
# 最後のデータは、フィルタリングの結果とスムージングの結果が一致する
mu_smooth[N + 1] <- mu_filter[N + 1]
P_smooth[N + 1] <- P_filter[N + 1]
```

forループにより、時点をずらしながら平滑化関数を実行していきます。未来から過去へ計算が進んでいくということに注意してください。

```
for(i in N:1){
  kekka <- smoothLocalLevel(
    mu_filter[i],P_filter[i],r[i], s[i], F[i], y_resid[i], K[i]
  )
  mu_smooth[i] <- kekka$mu_smooth
  P_smooth[i] <- kekka$P_smooth
  r[i - 1] <- kekka$r
  s[i - 1] <- kekka$s
}
```

「mu_filter、P_filter」は「r、s、F、y_resid、K」よりも配列の長さが1つ長いことに注意してください。

結果は示しませんが『mu_smooth』などを見ると、平滑化状態が計算されていることがわかります。

7-9　dlm によるカルマンフィルタ

dlm パッケージを用いることで、カルマンフィルタをとても短いコードで実装することができます。

```
# dlm のパラメタの設定
mod_dlm <- dlmModPoly(
  order = 1, m0 = 0, C0 = 10000000, dW = sigma_w, dV = sigma_v
)
# カルマンフィルタの実行
mu_filter_dlm <- dlmFilter(Nile, mod_dlm)
```

dlmModPoly の引数に『order=1』を指定することで、ローカルレベルモデルを対象とすることができます。m0 は状態の初期値、C0 は状態の予測誤差の分散の初期値です。

フィルタ化推定量は mu_filter_dlm$m に格納されています。

先ほどパッケージを使わずに実装した結果と比較をしてみます。

```
> mu_filter_dlm$m
  [1]     0.0000 1118.8812 1140.4103 1072.2709 1117.1955 1129.9866
・・・中略・・・
 [97]   905.2326  908.9519  857.3651  818.6341  797.3906
> mu_filter
  [1]     0.0000 1118.8812 1140.4103 1072.2709 1117.1955 1129.9866
・・・中略・・・
 [97]   905.2326  908.9519  857.3651  818.6341  797.3906
```

```
>
> sum((mu_filter_dlm$m[-1] - mu_filter[-1])^2)
[1] 1.279545e-24
```

両者の差が e-24 すなわち 10 のマイナス 24 乗ほどしかないため、同じ値が推定できたとみなして差し支えないでしょう。

7-10　dlm による対数尤度の計算

パッケージを使うと、対数尤度も簡単に計算ができます。

```
> # 対数尤度の指標
> dlmLL(Nile, mod_dlm)
[1] 554.4316
> # 比較
> 1/2 * sum(log(F) + y_resid^2 / F)
[1] 554.4316
```

パッケージを使わずに計算した結果と一致していることを確認してください。

7-11　dlm による平滑化

フィルタリングした結果『mu_filter_dlm』を引数に取り dlmSmooth 関数を実行することで、平滑化状態を推定することができます。

```
mu_smooth_dlm <- dlmSmooth(mu_filter_dlm)
```

平滑化状態は『mu_smooth_dlm$s』に格納されています。

先ほどパッケージを使わずに実装した結果と比較をしてみます。

```
> mu_smooth_dlm$s
  [1] 1111.3728 1111.4840 1110.7435 1105.0774 1113.6190 1112.5225
・・・中略・・・
```

```
  [97]  859.3833  842.4119  817.7817  803.1297  797.3906
> mu_smooth
  [1] 1111.3728 1111.4840 1110.7435 1105.0774 1113.6190 1112.5225
・・・中略・・・
  [97]  859.3833  842.4119  817.7817  803.1297  797.3906
> sum((mu_smooth_dlm$s - mu_smooth)^2)
[1] 1.447566e-24
```

7-12　参考：dlm の使い方

　dlm はカルマンフィルタを用いた状態空間モデルの推定を効率的に実装することができる優れたパッケージです。

　ここでは計算の全体像を簡単に説明します。

　dlm を用いたローカルレベルモデルの推定は、以下の短いコードですべて終わります。

```
# Step1 モデルの構造を決める
build_local_level_dlm <- function(theta){
  dlmModPoly(order = 1, dV = exp(theta[1]), dW = exp(theta[2]))
}
# Step2 パラメタ推定
par_local_level_dlm <- dlmMLE(Nile, parm=c(1, 1), build_local_level_dlm)
# 推定された分散を使って、モデルを組みなおす
fit_local_level_dlm <- build_local_level_dlm(par_local_level_dlm$par)
# Step3 フィルタリング
filter_local_level_dlm <- dlmFilter(Nile, fit_local_level_dlm)
# Step4 スムージング
smooth_local_level_dlm <- dlmSmooth(filter_local_level_dlm)
```

●Step1 モデルの構造を決める

第2章で学んだ、状態方程式・観測方程式によりモデルを表します。

このとき、最尤法を実装したときと同じように、「パラメタを引数にした関数」を作成します。これにより、最適なパラメタを推定するのが簡単になります。

状態空間モデルはローカルレベルモデル以外にも様々な表現でデータを表すことができます。それらに対応する dlm の関数も豊富にあります。

■dlmModPoly

order = 1 ならローカルレベルモデル

order = 2 ならローカル線形トレンドモデルを組むことができます。

■dlmModSeas

ダミー変数を用いた季節変動を入れたモデルを組むことができます。

■dlmModTrig

三角関数を用いた季節変動を入れたモデルを組むことができます。

■dlmModReg

外生変数を組み込むことができます。時変係数のモデルにも対応しています。

■dlmModARMA

ARMA モデルと同等のモデルを推定することができます。

●Step2 パラメタ推定

dlmMLE 関数を用いることで最尤法によるパラメタ推定ができます。

『par_local_level_dlm$par』に推定されたパラメタが格納されています。パッケージを使わずに計算した結果と比較してみます。

```
> # dlm パッケージ使用
> exp(par_local_level_dlm$par)
[1] 15099.836  1468.461
> # パッケージ不使用
> exp(best_sigma$par)
[1]  1468.461 15099.836
```

パラメタの順番が逆ですが、同じものが推定されていることがわかります。
推定されたパラメタを用いてモデルを組みなおすのを、忘れないようにします。

●Step3 フィルタリング

dlmFilter 関数を用いることでフィルタリングができます。

●Step4 スムージング

dlmSmooth 関数を用いることで平滑化状態を推定できます。

結果の図示には、ggfortify パッケージの autoplot 関数を使うのが簡単です。

```
# フィルタ化推定量の図示
autoplot(filter_local_level_dlm, fitted.colour = "black",
         fitted.size = 1.5, main = "フィルタ化推定量")
# 平滑化状態の図示
p_nile <- autoplot(Nile)
autoplot(smooth_local_level_dlm, fitted.colour = "black",
         colour = "black", size = 1.5, main="平滑化状態", p=p_nile)
```

結果は示しませんが、4～5章の図は、この関数を用いて作成しました。

7-13　Rで実装する散漫カルマンフィルタ

続いて、散漫カルマンフィルタの実装に移ります。

散漫初期化を用いて、状態と状態の予測誤差の分散を設定します。

```
# 状態の推定値
mu_diffuse_filter <- numeric(N + 1)
# 状態の予測誤差の分散
P_diffuse_filter <- numeric(N + 1)
# 散漫初期化を用いると、1時点目のフィルタ化推定量は以下のようになる
mu_diffuse_filter[2] <- Nile[1]
```

```
P_diffuse_filter[2] <- sigma_v
```

予測残差などを格納する入れ物を用意します。

```
# 観測値の予測残差
y_resid_diffuse <- numeric(N)
# 観測値の予測誤差の分散
F_diffuse <- numeric(N)
# カルマンゲイン
K_diffuse <- numeric(N)
```

　後はカルマンフィルタと同様に、時点をずらしながらフィルタリングと予測を実行していきます。

　散漫初期化が行われているので、2 時点目からフィルタリングが行われているところに注意してください。

```
for(i in 2:N) {
  kekka <- kfLocalLevel(
    y = Nile[i], mu_pre = mu_diffuse_filter[i],
    P_pre = P_diffuse_filter[i], sigma_w = sigma_w, sigma_v = sigma_v
  )
  mu_diffuse_filter[i + 1] <- kekka$mu_filter
  P_diffuse_filter[i + 1] <- kekka$P_filter
  y_resid_diffuse[i] <- kekka$y_resid
  F_diffuse[i] <- kekka$F
  K_diffuse[i] <- kekka$K
}
```

　通常のカルマンフィルタの結果と比較します。

　古い時点においては多少値が変わっていることがわかります。

```
> # 散漫カルマンフィルタ
> mu_diffuse_filter
  [1]    0.0000 1120.0000 1140.9524 1072.5894 1117.4155 1130.1417
・・・中略・・・
 [97]  905.2326  908.9519  857.3651  818.6341  797.3906
> # 普通のカルマンフィルタ
> mu_filter
  [1]    0.0000 1118.8812 1140.4103 1072.2709 1117.1955 1129.9866
・・・中略・・・
 [97]  905.2326  908.9519  857.3651  818.6341  797.3906
```

7-14　Rで実装する散漫対数尤度

続いて、散漫対数尤度の計算です。

こちらも1時点目のデータを使わないというところに注意すれば、カルマンフィルタと同様に実装できます。

```
> # dnorm関数を使った対数尤度の計算
> sum(
+   log(
+     dnorm(y_resid_diffuse[-1], mean = 0, sd = sqrt(F_diffuse[-1]))
+   )
+ )
[1] -637.2855
> # 対数尤度の計算 2
> -1 * ((N - 1)/2) * log(2 * pi) -
+   1/2*sum(log(F_diffuse[-1]) + y_resid_diffuse[-1]^2 / F_diffuse[-1])
[1] -637.2855
```

鍵カッコを用いて[-1]とすることで、1時点目のデータを省きました。

最尤法によるパラメタ推定や平滑化は、通常のカルマンフィルタと同様に計算ができます。

7-15　KFASによる散漫カルマンフィルタ

KFASパッケージを用いることで、散漫カルマンフィルタをとても短いコードで実装することができます。

```
# KFASのパラメタの設定
mod_kfas <- SSModel(
  H = sigma_v, Nile ~ SSMtrend(degree = 1, Q = sigma_w)
)
# 散漫カルマンフィルタの実行
mu_filter_kfas <- KFS(
  mod_kfas, filtering = c("state", "mean"), smoothing = "none"
)
```

dlmパッケージと同様に、モデルを用いたデータの表現形式を指定したのち、フィルタリングを実行します。KFASパッケージの詳細な仕様は、次章で解説します。

パッケージを使わずに計算した結果とほぼ一致しているようです。

```
> sum((mu_filter_kfas$a - mu_diffuse_filter)^2)
[1] 2.326445e-25
```

7-16　KFASによる散漫対数尤度の計算

散漫対数尤度はlogLik関数を使うことで計算できます。

パッケージを使わずに計算した結果と一致していることを確認してください。

```
> logLik(mod_kfas)
```

```
[1] -637.2855
```

7–17　dlm と KFAS の比較と KFAS の優位性

dlm パッケージを使うと簡単に状態空間モデルを推定できます。
しかし KFAS パッケージのほうが以下の点で優れています。
- 散漫カルマンフィルタに対応している
- 計算速度が速い(特にパラメタ推定にかかる時間が短い)

基本構造時系列モデルなどやや複雑なモデルを適用したとき、dlm パッケージですとなかなか計算が終わりません。
試行錯誤的にモデルを作る場合には特に、計算時間は重要です。

また、この本では紹介しませんが、KFAS パッケージですと、線形非ガウシアンなデータに対してもモデル化が可能です。

8章　実装：KFAS の使い方

この章ではローカルレベルモデルの推定を通して、KFAS パッケージの使い方を説明します。

8-1　この章で使うパッケージ

この章で使う外部パッケージの一覧を載せておきます。この章では断りなくこれらの外部パッケージの関数を使用することがあります。パッケージのインストールはすでに行われているとします。

```
library(KFAS)
library(ggplot2)
```

8-2　分析の対象となるデータ

この章でも、ナイル川の流量データを分析の対象とします。
ただし、最後の 20 年間は予測におけるテストデータとします。

```
nile_train <- window(Nile, end = 1950)
```

さらに、途中 20 年間に、欠損があったとします。NA は欠損を表す記号です。

```
nile_train[41:60] <- NA
```

8-3　KFAS による線形ガウス状態空間モデルの推定

KFAS を用いてローカルレベルモデルを推定してみます。
欠損値があったとしても、気にすることなくモデルを推定することが可能です。

```
# Step1：モデルの構造を決める
build_kfas <- SSModel(
  H = NA,
```

```
  nile_train ~ SSMtrend(degree = 1, Q = NA)
)

# Step2：パラメタ推定
fit_kfas <- fitSSM(build_kfas, inits = c(1, 1))

# Step3、4：フィルタリング・スムージング
result_kfas <- KFS(
  fit_kfas$model,
  filtering = c("state", "mean"),
  smoothing = c("state", "mean")
)
```

●Step1 モデルの構造を決める

第 2 章で学んだ、状態方程式・観測方程式によりモデルの構造を指定します。

このとき、`SSModel` という関数を使用します。この関数の中にモデルの構造を指定していきます。

H は観測誤差の分散を表しています。Q は過程誤差の分散を表しています。『H = NA』などとすることによって、当該パラメタが「不明な値」であるとみなしてパラメタ推定をしてくれるようになります。

モデルの構造を指定しているのは『nile_train ~ SSMtrend(degree = 1, Q = NA)』の部分です。SSMtrend はトレンドモデルを構築する関数で、次数を 1 にすることでローカルレベルモデルを指定していることになります。

状態空間モデルはローカルレベルモデル以外にも様々な表現でデータを表すことができます。それらに対応する KFAS の関数も豊富にあります。

■SSMtrend
  degree = 1 ならローカルレベルモデル

degree = 2ならローカル線形トレンドモデルを組むことができます。

例：SSMtrend(degree = 2, c(list(NA), list(NA)))

■SSMseasonal

季節変動を表すことができます。

period = 12とすることで月単位データのように12か月周期となります。

sea.type = "dummy"ならダミー変数を用います。

sea.type = " trigonometric"なら三角関数を用います。

例：SSMseasonal(period = 12, sea.type = "dummy", Q = NA)

■SSMregression

外生変数を組み込むことができます。時変係数のモデルにも対応しています。

例：SSMregression(~ 外生変数 , Q = NA)

■SSMarima

ARIMAモデルと同等のモデルを推定することができます。

■複数の要素が入ったモデルを作る

以下のようにして、複数の要素を足し合わせることができます。

```
build_sample <- SSModel(
  H = NA,
  対象データ ~
    SSMtrend(degree = 1, Q = NA) +     # ローカルレベルモデル
    SSMregression( ~ 外生変数 , Q = NA) # 外生変数
)
```

●Step2 パラメタ推定

fitSSM関数を用いることで、最尤法によるパラメタ推定ができます。

引数の『inits = c(1, 1)』に注目してください。これは「テキトー」に決めたパラメタ(過程・観測誤差の分散)です。「テキトー」なパラメタを最尤法で修正するわけです。最初に決めた「テキトー」なパラメタをパラメタの初期値と呼びます。

状態の初期値については散漫初期化という解決策があったのですが、パラメタの初期値は良い方法がなく、勘で決めてやるしかありません。ローカルレベルモ

デルくらいの簡単なモデルでは大きな影響は出ませんが、複雑なモデルになると、初期値への依存性が出てくることがあります。初期値をいくつかのパターンで試してみて、最も尤度が高くなった結果を採用するのがベターです。

KFAS の場合、推定結果は大きく$optim.out と$model に分かれています。前者が推定されたパラメタ、後者が「最適なパラメタを用いて組みなおされたモデル」となっています。dlm パッケージと異なり、モデルを組みなおす必要はありません。この点で見ても、KFAS のほうが短いコードで実装できることがわかります。

組みなおされたモデル(fit_kfas$model)の持つパラメタを確認してみます。H は観測誤差の分散です。Q は過程誤差の分散です。

```
> # 観測誤差の分散
> fit_kfas$model$H
, , 1

         [,1]
[1,] 12782.35
> # 過程誤差の分散
> fit_kfas$model$Q
, , 1

         [,1]
[1,] 2489.915
```

● Step3,4 フィルタリング・スムージング

KFS 関数を用いることでフィルタリングも平滑化も同時に実行できます。

フィルタリングだけでいい、という場合は『smoothing = "none"』のように、明示的に使わないと指定しておきます。

以下のように結果を保存しておきます。

```
# フィルタ化推定量
mu_filter_kfas <- result_kfas$a[-1]
```

```
# 平滑化推状態
mu_smooth_kfas <- result_kfas$alphahat
```

KFS 関数の結果において『$a』に状態の 1 期先予測値が『$alphahat』に平滑化状態が格納されています。1 期先予測値は、まだ当期の観測値を用いた補正(フィルタリング)が行われる前の値であることに注意してください。

ただし前期の観測値を用いたフィルタリングは行われています。そのため『$a』は前期のフィルタ化推定量であるとみなすことができます。1 時点ずれているので、最初の値(観測値がまだ得られていない 0 時点目のフィルタ化推定量)を[-1]として切り捨てています。切り捨てられた部分は、散漫初期化されているので意味がない値です。

8-4　推定結果の図示

フィルタ化推定量を図示してみましょう。autoplot 関数を用いる方法もありますが、細かい指定が難しいので別の方法を使います。まずはデータを整形します。

```
df_filter <- data.frame(
  y        = as.numeric(Nile[1:80]),
  time     = 1871:1950,
  mu_filter = mu_filter_kfas
)
```

ggplot 関数を用いて図示します。

```
ggplot(data = df_filter, aes(x = time, y = y)) +
  labs(title="フィルタ化推定量") +
  geom_point(alpha = 0.6) +
  geom_line(aes(y = mu_filter), size = 1.2)
```

ggplot で外枠を作り、labs でタイトルを追加します。以下も「＋」記号を使っ

フィルタ化推定量

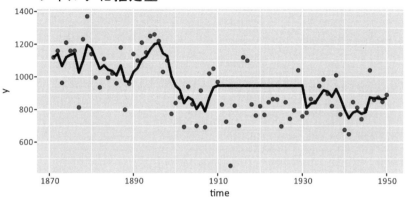

て geom_point(観測値の散布図)、geom_line(フィルタ化推定量の折れ線図)を足していきます。alpha は色の濃さの指定です。

1910～1930年の欠損があった年は、状態の値がずっと同じになっていることがわかります。これがローカルレベルモデルの補間の特徴です。

8-5　KFAS による状態の推定と信頼・予測区間

平滑化状態と、その信頼区間と予測区間を求めます。

厳密な定義ではありませんが、信頼区間と予測区間の違いのイメージは以下のようなところです。

- 信頼区間：状態がこの間に収まるだろう区間
- 予測区間：観測値がこの間に収まるだろう区間

予測区間には、観測誤差の大きさも加味されていることだけ覚えてください。

まずは predict 関数を使って信頼区間を求めてみます。
『interval = "confidence"』と指定すると信頼区間となります。『level = 0.95』と指定すると 95%信頼区間になります。

```
smooth_conf <- predict(
  fit_kfas$model, interval = "confidence", level = 0.95)
```

結果はこちらです(Start、End、Frequency の出力は省略しています)。

```
> head(smooth_conf, n = 3)
          fit      lwr      upr
[1,] 1113.876 981.9267 1245.826
[2,] 1112.683 996.8118 1228.555
[3,] 1102.274 993.8005 1210.747
```

予測区間を求めてみます。『interval = "prediction"』と指定するだけで予測区間に変わります。

```
smooth_pred <- predict(
  fit_kfas$model, interval = "prediction", level = 0.95)
```

結果はこちら。幅が広くなっていることに注目してください。

```
> head(smooth_pred, n = 3)
          fit      lwr      upr
[1,] 1113.876 855.9740 1371.779
[2,] 1112.683 862.6252 1362.742
[3,] 1102.274 855.5566 1348.991
```

なお、predict 関数の fit の値は平滑化状態の値がそのまま入っています。

```
> head(mu_smooth_kfas)
[1] 1113.876 1112.683 1102.274 1118.993 1117.986 1108.794
```

8-6　KFAS による予測

predict 関数において『n.ahead = 20』と指定することで、20 時点先まで予測することができます。予測区間も併せて計算しておきました。

8-6 KFASによる予測

```
forecast_pred <- predict(
  fit_kfas$model, interval = "prediction", level = 0.95, n.ahead = 20)
```

　これも図示してみましょう。
　その前に、平滑化状態と予測結果を結合させます。rbind は行を結合する関数です。

```
estimate_all <- rbind(smooth_pred, forecast_pred)
```

　続いて、図示のためのデータをまとめます。cbind は列を結合する関数です。

```
df_forecast <- cbind(
  data.frame(y = as.numeric(Nile), time = 1871:1970),
  as.data.frame(estimate_all)
)
```

　最後に図示のためのコードを書きます。geom_ribbon を用いると、最大値と最小値を指定することで、その範囲を網掛けにすることができます。

```
ggplot(data = df_forecast, aes(x = time, y = y)) +
  labs(title="平滑化状態と将来予測") +
  geom_point(alpha = 0.5) +
  geom_line(aes(y = fit), size = 1.2) +
  geom_ribbon(aes(ymin = lwr, ymax = upr), alpha = 0.3)
```

　平滑化状態においては、欠損値は「欠損前と後のデータを直線でつないだもの」となっています。
　1950年以降は予測値となっています。将来予測の結果はずっと横バイとなっていることに注目してください。また、予測区間は年を追うたびに広くなっていきます。

平滑化状態と将来予測

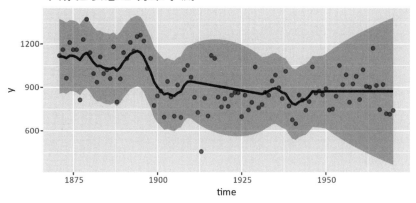

8-7 補足：ローカルレベルモデルにおける予測

ローカルレベルモデルにおける予測の方法をおさらいしておきます。

将来予測値の点推定値は、最新年の状態の値と全く同じで変化しません。

```
> tail(smooth_pred, n = 1)
           fit      lwr      upr
1950  872.5365 614.6343 1130.439
> head(forecast_pred, n = 5)
           fit      lwr      upr
1951  872.5365 596.7133 1148.360
1952  872.5365 579.8876 1165.185
1953  872.5365 563.9781 1181.095
1954  872.5365 548.8497 1196.223
1955  872.5365 534.3974 1210.676
```

次は予測区間がどのように広がっていくのかを確認します。『se.fit = T』と指定することで、予測区間の標準偏差を取得することができます。

8-7 補足：ローカルレベルモデルにおける予測

```
forecast_se <- predict(
  fit_kfas$model, interval = "prediction", level = 0.95,
  n.ahead = 20, se.fit = T)[, "se.fit"]
```

標準偏差を2乗すると分散になりますね。

```
> forecast_se^2
 [1]  7022.231  9512.146 12002.060 14491.975 16981.890 19471.805
 [7] 21961.720 24451.635 26941.550 29431.465 31921.380 34411.295
[13] 36901.209 39391.124 41881.039 44370.954 46860.869 49350.784
[19] 51840.699 54330.614
```

差分をとると、分散は毎時点 2489.915 ずつ増えていることがわかります。

```
> diff(forecast_se^2)
 [1] 2489.915 2489.915 2489.915 2489.915 2489.915 2489.915 2489.915
 [8] 2489.915 2489.915 2489.915 2489.915 2489.915 2489.915 2489.915
[15] 2489.915 2489.915 2489.915 2489.915 2489.915
```

分散の増加量は「過程誤差の分散」の値と一致します。

```
> fit_kfas$model$Q
, , 1

         [,1]
[1,] 2489.915
```

過程誤差が積み重なっていくため、長期の予測は当たりにくくなるということを確認してください。

8-8 補足：補間と予測の関係

状態空間モデルでは、欠損値の補間と未来の予測はまったく同じ枠組みで計算をすることができます。そのことを確認しておきましょう。

まずは、未来の値を欠損として、モデルを組んでみます。このモデルにおいて「補間」をすると、予測をしたことと同じ結果になるはずです。

```
# 未来の値を NA としたもの
nile_na <- Nile
nile_na[81:100] <- NA
build_kfas_na <- SSModel(
  H = NA, nile_na ~ SSMtrend(degree = 1, Q = NA)
)
fit_kfas_na <- fitSSM(build_kfas_na, inits = c(1, 1))
```

次は、データの長さそのものを短くします。

```
# 未来の値を切り捨てたもの
nile_split <- window(Nile, end = 1950)
build_kfas_split <- SSModel(
  H = NA, nile_split ~ SSMtrend(degree = 1, Q = NA)
)
fit_kfas_split <- fitSSM(build_kfas_split, inits = c(1, 1))
```

両者の「補間」と「予測」の結果が一致することを確認します。

```
> hokan <- predict(
+   fit_kfas_na$model, interval = "confidence", level = 0.95)[81:100,]
> yosoku <- predict(
+   fit_kfas_split$model, interval="confidence", level=0.95, n.ahead= 20)
```

```
> all(hokan == yosoku)
[1] TRUE
```

なお『==』という演算子は、2つの値が等しければ TRUE を返します。all はすべての結果が TRUE だった場合のみ TRUE を返します。補間と予測が完全に一致していることがわかります。

9章　実装：変化するトレンドのモデル化

この章ではローカル線形トレンドモデルを用いて、変化するトレンドを表現する方法を解説します。

9-1　この章で使うパッケージ

この章で使う外部パッケージの一覧を載せておきます。この章では断りなくこれらの外部パッケージの関数を使用することがあります。パッケージのインストールはすでに行われているとします。

```r
library(KFAS)
library(forecast)
library(ggplot2)
library(ggfortify)
library(gridExtra)
```

9-2　トレンドと観測値の関係

まずはトレンドとは何者かを説明します。

上昇トレンドがある、といういいかたをするときがあります。右肩上がりの折れ線グラフがあれば、それは上昇トレンドがあるとみなしてよいでしょう。

例えば450時点のデータを取得したとします。毎時点0.2ずつ増えていくという上昇トレンドがあったとしましょう。

```r
# シミュレーションにおけるサンプルサイズ
n_sample <- 450
# 変化しないトレンド
t0 <- 0.2
```

9-2 トレンドと観測値の関係

トレンドが 0.2 であるデータの観測値は、以下のようにトレンドの累積和として表現されます。

```
constant_trend <- cumsum(rep(t0, n_sample))
```

一方、トレンドが変化することを想定してみます。

```
t1 <- 0.2
t2 <- 0.4
t3 <- 0
t4 <- -0.2
trend <- c(rep(t1, 100), rep(t2, 100), rep(t3, 100), rep(t4, 150))
```

0.2〜0.4〜0(増減なし)〜−0.2 と、増加トレンドから減少トレンドへ転じるデータを作りました。

これもやはり累積和をとると、観測値が得られます。

```
change_trend <- cumsum(trend)
```

これらが各々、どういった結果になるのかをイメージできれば、まずは OK です。

図示して確認してみます。

```
p1 <- autoplot(ts(constant_trend),
               xlab = "Time", main = "変化しないトレンド(トレンド= 0.2)")
p2 <- autoplot(ts(change_trend),
               xlab = "Time", main = "変化するトレンド")
grid.arrange(p1, p2)
```

トレンドが変化しなければ、一定のペースで値が増えるので、右肩上がりの直線になります。

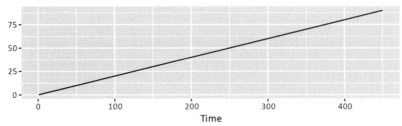

変化しないトレンド(トレンド=0.2)

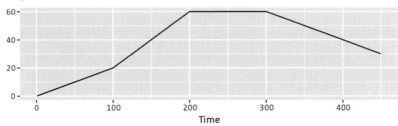

変化するトレンド

トレンドの大きさを傾きとする直線が引かれることになります。トレンドが変わると、傾きも変わります。

トレンドの累積をとると、データのおおよその形状を表現できるというところをまずはおさえてください。

9-3 シミュレーションデータの作成

今回は、シミュレーションをして、分析用のデータを自分で作ってみましょう。

過程誤差は、平均0、分散1の正規分布に従うと仮定します。

```
# 水準の過程誤差を作る
set.seed(12)
system_noise <- rnorm(n = n_sample)
```

真の水準値は、「前期の水準値＋トレンド＋過程誤差」として得られると仮定してシミュレーションを実行します。

```
# 真の水準値
```

```
alpha_true <- numeric(n_sample + 1)
for(i in 1:n_sample){
  alpha_true[i + 1] <- alpha_true[i] + trend[i] + system_noise[i]
}
```

これは『cumsum(system_noise + trend)』としても結果は同じです。

さらに、平均 0、分散 25(標準偏差 5)の正規分布に従う観測誤差を組み込みます。最終的な「シミュレーションで作られた架空の売り上げデータ(sales)」を作りました。なお、11 を足しているのは、売り上げが負にならないようにするためです。

```
# 観測誤差を作る
obs_noise <- rnorm(n = n_sample, sd=5)
# トレンドが変化する売り上げデータ
sales <- alpha_true[-1] + obs_noise + 11
```

結果を図示します。

```
autoplot(ts(sales), main = "架空の売り上げデータ")
```

200 時点目までは順調に増えていき、200〜300 時点で上げ止まり、300 時点を超えると減少トレンドに転じるデータが出来上がりました。

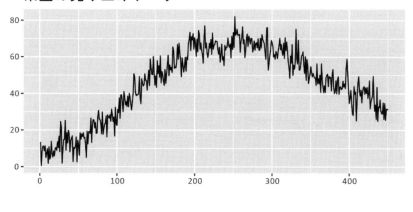

最後の 50 期間は、テストのために残しておきます。

```
sales_train <- sales[1:400]
sales_test <- sales[401:450]
```

また、途中の 50 期間は欠損としました。

```
sales_train[125:175] <- NA
```

9−4　KFAS によるローカル線形トレンドモデル

KFAS パッケージを用いて、変化するトレンドをモデル化します。
　トレンドの変化はローカル線形トレンドモデルを用いることで表現できることは 2 章で説明した通りです。

　状態空間モデルを推定するコードをまとめて載せます。

```
# Step1：モデルの構造を決める
build_trend <- SSModel(
  H = NA,
  sales_train ~ SSMtrend(degree = 2, Q = c(list(NA), list(NA)))
)
# Step2：パラメタ推定
fit_trend <- fitSSM(build_trend, inits = c(1, 1, 1))
# Step3、4：フィルタリング・スムージング
result_trend <- KFS(
  fit_trend$model,
  filtering = c("state", "mean"),
  smoothing = c("state", "mean")
)
```

ローカル線形トレンドモデルは、Step1 のモデルの構造を決める際、SSModel の引数に『SSMtrend(degree = 2, Q = c(list(NA), list(NA)))』を指定します。『degree = 2』ならばローカル線形トレンドモデルとなります。

推定すべきパラメタは、観測誤差の分散 H、過程誤差の分散 Q です。
過程誤差は「水準の変動」を表すものと「トレンドの変動」を表すものの2つあるので、合計3つのパラメタを推定することになります。

パラメタ推定の結果は以下のようになります。

```
> # 観測誤差の分散
> fit_trend$model$H
, , 1

         [,1]
[1,] 23.63745
> # 過程誤差の分散
> fit_trend$model$Q
, , 1

          [,1]         [,2]
[1,] 0.8833319 0.0000000000
[2,] 0.0000000 0.0004648067
```

過程誤差の分散において、0.8833319 が「水準の変動」を表すもので 0.0004648067 が「トレンドの変動」を表す分散となります。

9−5 補足：モデルの行列表現*

ローカル線形トレンドモデルの状態方程式・観測方程式を再掲します。

$$\delta_t = \delta_{t-1} + \zeta_t, \quad \zeta_t \sim N(0, \sigma_\zeta^2)$$
$$\mu_t = \mu_{t-1} + \delta_{t-1} + w_t, \quad w_t \sim N(0, \sigma_w^2)$$
$$y_t = \mu_t + v_t, \quad v_t \sim N(0, \sigma_v^2)$$

推定すべきパラメタは、観測誤差の分散σ_v^2、過程誤差の分散$\sigma_w^2, \sigma_\zeta^2$です。

これは以下のように行列表現することもできました。

$$x_t = T_t x_{t-1} + R_t \xi_t, \quad \xi_t \sim N(0, Q_t)$$
$$y_t = Z_t x_t + \varepsilon_t, \quad \varepsilon_t \sim N(0, H_t)$$

ただし、各々の要素は以下に従います。

$$T_t = \begin{pmatrix} 1 & 1 \\ 0 & 1 \end{pmatrix}, \ R_t = \begin{pmatrix} 1 & 0 \\ 0 & 1 \end{pmatrix}, \ Z_t = (1 \ \ 0)$$
$$x_t = \begin{pmatrix} \mu_t \\ \delta_t \end{pmatrix}, \ Q_t = \begin{pmatrix} \sigma_w^2 & 0 \\ 0 & \sigma_\zeta^2 \end{pmatrix}, \ H_t = \sigma_v^2$$

この形式におけるH_t, Q_tを未知のパラメタとして推定していると理解すると、対応がわかりよいです。

T_tなどの、モデルの形状を指定する行列も KFAS の推定結果に含まれています。

```
> fit_trend$model$T
, , 1

      level slope
level     1     1
slope     0     1
```

9−6　トレンドの図示

推定された平滑化状態を見てみると、ローカルレベルモデルと異なり、2 列あることがわかります(Start、End、Frequency の出力は省略しています)。

```
> head(result_trend$alphahat, n = 3)
     level     slope
1 7.592715 0.1979556
2 7.573414 0.1980699
3 7.817400 0.1981601
```

9-6 トレンドの図示

level は水準(数式で表すとμ_t)で slope はトレンド成分(δ_t)となっています。

平滑化されたトレンド成分と真のトレンドを合わせて図示します。

```
# データの整形
trend_df <- data.frame(
  time = 1:length(sales_train),
  true_trend = trend[1:length(sales_train)],
  estimate_trend = result_trend$alphahat[, "slope"]
)
# 図示
ggplot(data = trend_df, aes(x = time, y = true_trend)) +
  labs(title="トレンドの変化") +
  geom_line(aes(y = true_trend), size = 1.2, linetype="dashed") +
  geom_line(aes(y = estimate_trend), size = 1.2)
```

点線が真のトレンド、実線が推定されたトレンドとなっています。
おおよその傾向を捕らえることができているのがわかります。

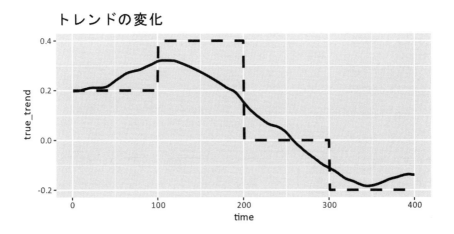

9-7　補間と予測

平滑化状態と将来予測の結果を、予測区間付きで求めてみます。ローカルレベルモデルと実装はまったく変わりません。

```
# 平滑化状態と予測区間
interval_trend <- predict(
  fit_trend$model, interval = "prediction", level = 0.95)
# 将来予測の結果と予測区間
forecast_trend <- predict(
  fit_trend$model, interval = "prediction", level = 0.95, n.ahead = 50)
# 過去の状態と予測結果をまとめた
estimate_all <- rbind(interval_trend, forecast_trend)
```

9-8　ローカル線形トレンドモデルによる予測の考え方

どのように予測値が出されるのか、確認しておきましょう。predict 関数を使わないで予測値を求めてみます。

まずは、データが得られている最新時点の水準値とトレンドを取得します。

```
> last_level <- tail(result_trend$a[, "level"], n = 1)
> last_trend <- tail(result_trend$a[, "slope"], n = 1)
> last_level # 水準
 [1] 44.60478
> last_trend # トレンド
 [1] -0.1395292
```

最後の水準値 last_level から、最後のトレンド last_trend が毎時点足しあわされることによって、予測値が求められます。

```
fore <- cumsum(c(last_level, rep(last_trend, 49)))
```

R言語では推奨されませんが、forループを使うと以下のように計算できます。

```
fore2 <- numeric(50)
fore2[1] <- last_level
for(i in 2:50){
  fore2[i] <- fore2[i - 1] + last_trend
}
```

predict関数の結果と一致していることを確認します。

```
> forecast_trend[, "fit"]
 [1] 44.60478 44.46525 44.32572 44.18619 44.04666 43.90713
・・・中略・・・
[49] 37.90738 37.76785
> fore
 [1] 44.60478 44.46525 44.32572 44.18619 44.04666 43.90713
・・・中略・・・
[49] 37.90738 37.76785
```

ローカル線形トレンドモデルは「最新のデータを用いて補正されたトレンド」を用いて将来を予測しているということです。

9-9 補間と予測結果の図示

補間・予測結果を図示します。

```
# データの整形
df <- cbind(
  data.frame(sales = sales, time = 1:n_sample),
  as.data.frame(estimate_all)
```

```
)
# 図示
ggplot(data = df, aes(x = time, y = sales)) +
  labs(title="トレンドが変わる売り上げの予測") +
  geom_point(alpha = 0.6, size = 0.9) +
  geom_line(aes(y = fit), size = 1.2) +
  geom_ribbon(aes(ymin = lwr, ymax = upr), alpha = 0.3)
```

400時点以降が予測結果ですが、減少トレンドをうまく表現できていることがわかります。

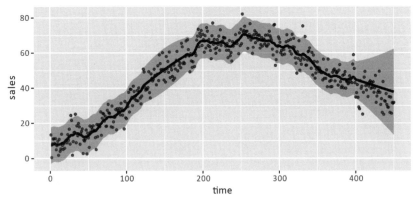

9-10　ARIMAによる予測結果との比較

第2部で用いたARIMAモデルを用いて予測してみます。

```
# モデルの構築
mod_arima <- auto.arima(sales_train)
# 予測
forecast_arima <- forecast(mod_arima, h=50, level = 0.95)
#予測結果の図示
```

```
autoplot(forecast_arima, main = "ARIMAによる予測",
         predict.colour = 1, shadecols = "gray")
```

　図を見ると、右肩上がりのトレンドがあるとみなして予測を出してしまっていることがわかります。300時点以降で見ると減少トレンドなのですが、0時点から全データで見ると上昇トレンドがあるように見えてしまうんですね。

　もちろん、予測精度も大幅に劣ります。RMSEを比較すると、ローカル線形トレンドモデルのほうが、かなり予測誤差が小さいことがわかります。

```
> accuracy(forecast_trend[, "fit"], sales_test)["Test set", "RMSE"]
[1] 7.47772
> accuracy(forecast_arima, sales_test)["Test set", "RMSE"]
[1] 13.08098
```

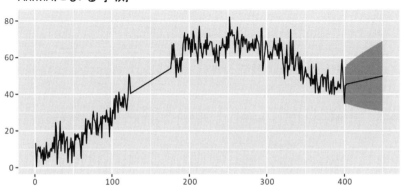

10章　応用：広告の効果はどれだけ持続するか

ここからは応用編として、より現実に近い問題を相手にしていきます。
この章では、広告の効果測定を時変係数のモデルを用いて行います。

10-1　この章で使うパッケージ

この章で使う外部パッケージの一覧を載せておきます。この章では断りなくこれらの外部パッケージの関数を使用することがあります。パッケージのインストールはすでに行われているとします。

```
library(KFAS)
library(forecast)
library(ggplot2)
library(ggfortify)
```

10-2　シミュレーションデータの作成

シミュレーションでデータを作ります。まずは「状態」を作ります。

```
# シミュレーションにおけるサンプルサイズ
n_sample <- 450
# 乱数の種
set.seed(10)
# 時間によって変化する広告の効果
true_reg_coef <- -log(1:50)*2 + 8
# ランダムウォークする水準値
mu <- cumsum(rnorm(n = n_sample, sd = 0.5)) + 15
# 水準値＋広告効果として状態を作る
x <- mu + c(rep(0, 200), true_reg_coef, rep(0, 200))
```

ここで重要なのは6行目、`true_reg_coef`として、真の回帰係数を時変係数と

して設定したところです。『-log(1:50)』としてあるので、50期間において単調減少するようにしてあります。

201〜250時点において広告有りという設定です。ランダムウォークする水準値『mu』に広告の影響を加えたものが、最終的な状態『x』です。

後はこれに観測誤差を加えてやれば完成です。

```
# 観測誤差を作る
obs_error <- rnorm(n = n_sample, sd=2)
# 広告効果が入った売り上げデータ
sales_ad <- x + obs_error
```

説明変数も作っておきます。

```
# 説明変数としての広告フラグ(1なら広告有り)
ad_flg <- numeric(n_sample)
ad_flg[201:250] <- 1
```

図示します。

```
ggtsdisplay(ts(sales_ad), main = "シミュレーションデータ")
```

200の時点から50時点だけ広告が入っていますが、全体としてみると効果があるかどうかよくわかりませんね。これを状態空間モデルで評価していきます。

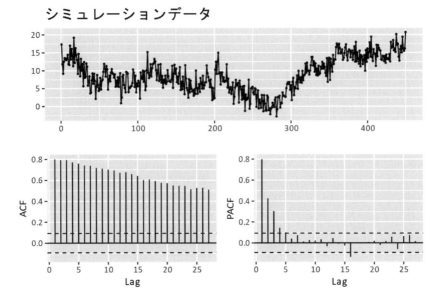

10-3 KFASによる時変係数モデル

KFASパッケージを用いて、時変係数のモデルを作成します。
状態空間モデルを推定するコードをまとめて載せます。

```
# Step1：モデルの構造を決める
build_reg <- SSModel(
  H = NA,
  sales_ad ~
    SSMtrend(degree = 1, Q = NA) +
    SSMregression( ~ ad_flg , Q = NA)
)


# Step2 パラメタ推定
fit_reg <- fitSSM(build_reg, inits = c(1, 1, 1))
```

10-4 変化する広告効果の図示

```
# Step3、4：フィルタリング・スムージング
result_reg <- KFS(
  fit_reg$model,
  filtering = c("state", "mean"),
  smoothing = c("state", "mean")
)
```

時変係数のモデルを作成する場合は、ローカルレベルモデルに回帰項を足し合わせます。『SSMregression(~ ad_flg , Q = NA)』が時変係数の外生変数を指定している個所です。

10-4　変化する広告効果の図示

回帰係数の時間変化を図示して確認してみます。

今回は、信頼区間付きで図示します。predict 関数に引数『states = "regression"』を指定すると、回帰係数が得られます。states を変えると、ローカル線形トレンドモデルの場合はトレンドの値など、様々な値を取得できます。

```
interval_coef <- predict(fit_reg$model, states = "regression",
                        interval = "confidence", level = 0.95)
```

結果を図示します。

```
# データの整形
coef_df <- cbind(
  data.frame(time = 201:250, reg_coef = true_reg_coef),
  as.data.frame(interval_coef[201:250, ])
)
# 図示
ggplot(data = coef_df, aes(x = time, y = reg_coef)) +
```

```
labs(title="広告の効果の変化") +
geom_point(alpha = 0.6, size = 0.9) +
geom_line(aes(y = fit), size = 1.2) +
geom_ribbon(aes(ymin = lwr, ymax = upr), alpha = 0.3)
```

点線が真の回帰係数で、実線が推定された回帰係数です。グレーの範囲が95%信頼区間です。

おおよそ正しく推定されていることがわかります。

広告に限らず、イベントの効果を評価するのに、時変係数モデルは有効です。
周期性のあるデータですと、こういったイベントは、正しい周期性を見誤る原因ともなってしまいます。これを補正するために外生変数を入れることもよくあります。

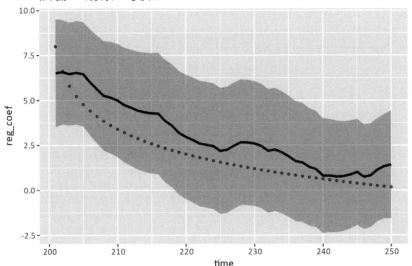

11章　応用：周期性のある日単位データの分析

最後の分析例として、トレンド成分・周期成分がともに入った、基本構造時系列モデルを推定していきます。

xts による日付データの取り扱いと KFAS による実装方法を学びます。

11-1　この章で使うパッケージ

この章で使う外部パッケージの一覧を載せておきます。この章では断りなくこれらの外部パッケージの関数を使用することがあります。パッケージのインストールはすでに行われているとします。

```
library(KFAS)
library(xts)
library(Nippon)
library(ggplot2)
library(ggfortify)
library(gridExtra)
```

11-2　データの読み込みと整形

この章では、ファイルから時系列データを読み込み、それを分析することにします。架空の売り上げデータを取得します。2010 年 3 月 1 日からのデータです。

```
> file_data <- read.csv("5-11-sales_data.csv")
> head(file_data, n = 3)
        date sales
1 2010-03-01    10
2 2010-03-02    34
3 2010-03-03    18
```

xts 型に変換します。

```
> sales <- as.xts(read.zoo(file_data))
> head(sales, n = 3)
           [,1]
2010-03-01   10
2010-03-02   34
2010-03-03   18
```

図示します。

```
autoplot(sales, main = "架空の売り上げデータ")
```

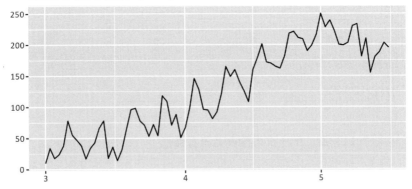

横軸の数値は月を表しています。7日周期で変動していることわかります。また、トレンドも変化していることがうかがえます。

11-3 祝日の取り扱い

日付データを扱う場合は、日本固有の暦の影響を加味する必要があります。この時 xts と Nippon パッケージを組み合わせて使うと処理が簡単です。

まずは、データの日付を取得します。xts 型ですと、日付とデータを簡単に分

11-3 祝日の取り扱い

離することができます。

```
> dates <- index(sales)
> head(dates, n = 5)
[1] "2010-03-01" "2010-03-02" "2010-03-03" "2010-03-04" "2010-03-05"
```

この日付において、Nippon パッケージの is.jholiday 関数を使うと、日本の暦における、祝日か否かを判別することができます。

```
> head(is.jholiday(dates))
[1] FALSE FALSE FALSE FALSE FALSE FALSE
```

以下のようにすると、祝日だけを抽出することができます。

```
> dates[is.jholiday(dates)]
[1] "2010-03-21" "2010-03-22" "2010-04-29" "2010-05-03" "2010-05-04"
[6] "2010-05-05"
```

しかし、この日付をよく見ると、3月21, 22日に連続して祝日となっています。ゴールデンウイークにはまだ早いですね。

原因を調べてみましょう。weekdays 関数を使って、曜日をチェックします。

```
> weekdays(dates[is.jholiday(dates)], T)
[1] "日" "月" "木" "月" "火" "水"
```

2010年3月21日は、日曜日だったことがわかります。すなわち、3月22日は振替休日だったということです。

日曜日が祝日になったところで、あまり売り上げに影響は無いように思います。そこで、日曜日以外の祝日だけを対象とします。

```
> holiday_date <-
+   dates[is.jholiday(dates) & (weekdays(dates, T) != "日")]
> holiday_date
[1] "2010-03-22" "2010-04-29" "2010-05-03" "2010-05-04" "2010-05-05"
```

この処理は実は悩ましいところでして、土曜日の祝日は影響があるとみなすか否かなど、機械的には決めにくい時もあります。

データをよく見て判断するようにしてください。

最後に、祝日だった場合は1を、それ以外の日には0をとるフラグを作成します。

```
> holiday_flg <- as.numeric(dates %in% holiday_date)
> holiday_flg
 [1] 0 0 0 0 0 0 0 0 0 0 0 0 0 0 0 0 0 0 0 0 0 0 0 1 0 0 0 0 0 0 0 0
[33] 0 0 0 0 0 0 0 0 0 0 0 0 0 0 0 0 0 0 0 0 0 0 0 0 0 0 0 0 1 0 0 1
[65] 1 1 0 0 0 0 0 0 0 0 0 0
```

`%in%`は、`dates`が`holiday_date`を含んでいる時に`TRUE`を、それ以外は`FALSE`を返す演算子です。`as.numeric`をかませることで、`TRUE`は1に、`FALSE`は0に変換されました。

11−4　KFASによる基本構造時系列モデル

状態空間モデルを推定するコードをまとめて載せます。

```
# Step1：モデルの構造を決める
build_cycle <- SSModel(
  H = NA,
  as.numeric(sales) ~
    SSMtrend(degree = 2, c(list(NA), list(NA))) +
    SSMseasonal(period = 7, sea.type = "dummy",  Q = NA) +
    holiday_flg
)
```

```
# Step2 パラメタ推定
fit_cycle <- fitSSM(build_cycle, inits = c(1, 1, 1, 1))

# Step3、4：フィルタリング・スムージング
result_cycle <- KFS(
  fit_cycle$model,
  filtering = c("state", "mean"),
  smoothing = c("state", "mean")
)
```

今までで最も複雑なモデルですが、比較的短いコードで書けます。

周期成分はSSMseasonalを用いて指定します。『sea.type = "dummy"』としたので、ダミー変数を使ったものとなります。三角関数を使う場合は『sea.type = "trigonometric"』とします。

祝日フラグは外生変数としてモデルに組み込みました。今回のように外生変数を指定すると『SSMregression(~ holiday_flg , Q = 0)』と同じ指定となります。すなわち、係数は時間に関わらず変化しないとみなすことになります。

11-5　推定結果の確認

元データを「トレンド＋水準」の要素と「周期成分」の要素に分けて図示してみます。

```
p_data <- autoplot(sales, main = "元データ")
p_trend <- autoplot(
  result_cycle$alphahat[, "level"], main = "トレンド＋水準")
p_cycle <- autoplot(
  result_cycle$alphahat[, "sea_dummy1"], main = "周期成分")
grid.arrange(p_data, p_trend, p_cycle)
```

元データ

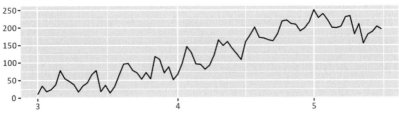

トレンド＋水準

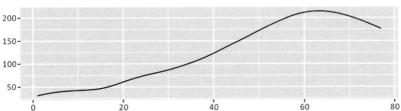

周期成分

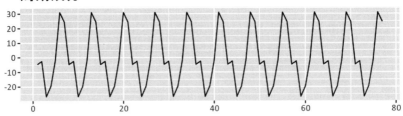

このように分けると、周期成分の影響がよくわかります。

11-6 推定結果の図示

平滑化状態とその予測区間を図示します。まずは予測区間を取得します。

```
interval_cycle <- predict(
  fit_cycle$model, interval = "prediction", level = 0.95)
```

図示します。

11-6 推定結果の図示

```
# データを整形
df <- cbind(
  data.frame(sales = as.numeric(sales),
             time = as.POSIXct(index(sales))),
  as.data.frame(interval_cycle)
)
# 図示
ggplot(data = df, aes(x = time, y = sales)) +
  labs(title="周期成分のある状態空間モデル") +
  geom_point(alpha = 0.5) +
  geom_line(aes(y = fit), size = 1.2) +
  geom_ribbon(aes(ymin = lwr, ymax = upr), alpha = 0.3) +
  scale_x_datetime(date_labels = "%y年%m月")
```

データの整形の際、日付インデックスとして as.POSIXct としたものを用います。こうしておくと、ggplot で描画する際、scale_x_datetime という指定を使うことで、横軸を任意の日付形式にすることができるようになります。

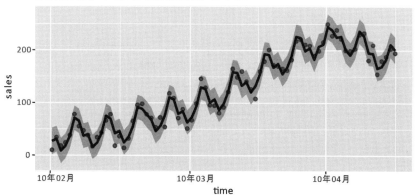

11-7　周期成分を取り除く

　周期成分を取り除いた「水準＋トレンド」のみを図示することもできます。
　predict 関数において『states = "level"』と指定します。予測区間ではなく信頼区間を図示するようにしました。

```
# 予測区間と平滑化状態
interval_level <- predict(
  fit_cycle$model, interval = "confidence",
  level = 0.95, states = "level")
```

　この結果を図示します。

```
# データを整形
df_level <- cbind(
  data.frame(sales = as.numeric(sales),
             time = as.POSIXct(index(sales))),
  as.data.frame(interval_level)
)
# 図示
ggplot(data = df_level, aes(x = time, y = sales)) +
  labs(title="周期成分を取り除いた水準値のグラフ") +
  geom_point(alpha = 0.5) +
  geom_line(aes(y = fit), size = 1.2) +
  geom_ribbon(aes(ymin = lwr, ymax = upr), alpha = 0.3) +
  scale_x_datetime(date_labels = "%y 年%m 月")
```

周期成分を取り除いた水準値のグラフ

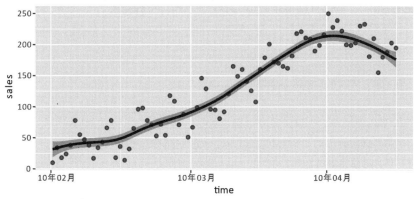

11-8　季節調整のメリット

　今回は結果が見やすくなるように 7 日間の周期成分のみを取り入れました。
　しかし、例えば 1 年単位での周期成分があったとしたら、短い期間で見た場合、トレンドがあるのかただの周期変動なのかが見分けにくいこともあります。
　そのようなときは、今回のように周期成分を取り除いたグラフを用いることで、データの正確な傾向をつかむことができるようになります。

　年における周期成分をモデルに組み込む場合は『SSMseasonal(period = 365.25, sea.type = "dummy", Q = NA)』や『SSMseasonal(period = 365.25, sea.type = " trigonometric ", Q = NA)』とします。うるう年があるため、周期は 365.25 となります。7 周期と 365.25 周期といったように、複数の周期成分をモデルに組み込むことも可能です。

　周期成分を用いることのメリットとしては、他にも、見せかけの回帰を防ぐことができるという点もあります。
　ほかの外生変数と相関しているように見えて、実は同じ周期成分を持っているだけだった、ということはよくあります。季節調整ができるモデルを用いることで、この問題を解決できることもあります。

第6部　状態空間モデルとベイズ推論

第6部では以下の枠組みで説明していきます。

　モデル　　　　　　：一般化状態空間モデル
　状態の推定方法　　：HMC法（ハミルトニアンモンテカルロ法）
　パラメタ推定の方法：HMC法（ハミルトニアンモンテカルロ法）
　用いるソフト　　　：R、Stan
　使用するパッケージ：rstan

非線形かつ非正規分布という、制約がかなり緩い状態空間モデルを対象とします。

状態の推定もパラメタの推定も、ともにHMC法を用いて行います。

各章の内容は以下の通りです。
1章：全体像の説明
2章：ベイズ推論とHMC法の概要
3章：Stanを用いたローカルレベルモデルの推定
4章以降：Stanを用いた実装の例

1章　一般化状態空間モデルとベイズ推論

第6部では、一般化状態空間モデルを扱います。
一般化されることによって得られるメリットと、モデルの推定に伴う困難性について説明します。

1-1　一般化状態空間モデル

一般化状態空間モデルは、非線形・非ガウシアンであることも認めた状態空間モデルです。

線形・非ガウシアンの状態空間モデルは、一般化動的線形モデル(Generalized Dynamic Linear Models：GDLM)とも呼ばれます。GDLM は KFAS パッケージでも一部のモデルであれば推定は可能ですが、限界もあります。第6部では一貫してStan と呼ばれるソフトウェアを用いて、状態やパラメタの推定を行います。

1-2　非ガウシアンな観測データ

一般化状態空間モデルを使う動機の最も大きなものが、非ガウシアンな観測データにも対応ができることだと思います。
例えば観測値が「個数」である場合は、そのデータは正規分布ではなくポアソン分布や負の二項分布に従っていることが想像されます。
勝ち負けといった二値データが観測値であった場合は、二項分布を用いたモデリングが必要となります。

1-3　非線形な状態の更新式

非線形性を扱えるご利益の大きさは、私たちが対象のデータに対して持っている知識や経験の量に大きく左右されます。
もしも対象のデータに対してほとんど何の知識もないのであれば、基本構造時系列モデルなどの単純な構造で表現するしかありません。この時はわざわざ複雑な非線形項を導入する必要もないでしょう。

しかし、私たちの手元にある観測値のデータ生成過程に対して、何らかの「想像」ができるならば、話は別です。

例えば、生物の個体数は、ある一定の量で頭打ちになることがしばしばあります。これは例えば、個体数が増えすぎると餌がなくなってしまったり、糞などのせいで環境が悪化したり、といったことが理由となります。

生物の個体数に限らず、小さな町であれば、新しい電化製品を売り出したとしても、すぐに供給がいきわたり、売り上げの増加トレンドがいつかは消えてしまうことが予想されます。

それであれば、最初から「いつかは増加トレンドがなくなる」ことをあらかじめ想定したモデルを作成したほうが、長期的な予測精度が上がるかもしれません。

データの内部の構造を私たちが想像することさえできれば、私たちの直感を、私たちの経験を、今まで蓄積されてきた既存の知識を、そのままモデルに組み込むことができるのです。

Stanと一般化状態空間モデルの組み合わせは、このための強力なツールとなりえます。

1-4　複雑なモデルの推定方法

一般化状態空間モデルが推定できるならば、データ分析において有力なツールとなるでしょうが、この推定は簡単ではありません。

余りにもモデルが複雑すぎると、第5部で用いた最尤法の枠組みでパラメタ推定を行うのは困難となることが多いです。

そこでベイズ推論とHMC法の組み合わせを使います。

ベイズ推論そのものは、状態空間モデルに限らず様々なモデルの推定に利用される方法です。カルマンフィルタの導出にも用いられますし、パラメタの推定といった用途を超えた、統計学における重要な概念です。

しかし、この本では説明の簡単のため、パラメタや状態の推定という目的のためだけにベイズ推論を利用するというストーリーで進めていきます。

状態空間モデルの概念そのものは第5部で説明済みで、一般化状態空間モデル

でもその考え方は変わりません。

そのため、2章でベイズ推論によるモデルの推定方法の概要を説明したうえで、3章から実際にRやStanを用いた分析に移っていきます。

1-5　補足：HMC法とカルマンフィルタの比較

第5部で学んだカルマンフィルタ＋最尤法による状態空間モデルの推定方法と、第6部で学ぶHMC法とを比較します。

	カルマンフィルタ	HMC法
計算の仕方	逐次的に計算	一度でまとめて計算
計算量	一回の計算量は少な目	一回の計算負荷が高い
状態の推定	フィルタリングをした後、平滑化を行う	最初から平滑化が行われている
パラメタ推定	状態の推定とは別に最尤法で推定する必要がある	状態推定とパラメタ推定を区別せずに行う

是非覚えてほしいのは、HMC法は逐次的な計算ではないということです。

一回の計算負荷が高い代わりに、最初から平滑化が行われており、状態の推定もパラメタの推定もまとめて行われます

計算は、カルマンフィルタのほうが簡単かつ極めて高速です。正規分布を仮定した基本構造時系列モデル程度でStanを用いるのは、あまりにも非効率といわざるを得ません。

カルマンフィルタで済む場合は積極的にカルマンフィルタを使うべきです。

2章　パラメタと状態の推定：ベイズ推論とHMC法

この章では、状態やパラメタを推定するのに用いられる、ベイズ推論の考え方を説明します。

アルゴリズムの詳細には立ち入りません。Stanというソフトウェアがどのような考え方に基づいて状態空間モデルを推定しているのかという、その概要を解説します。

HMC法に関する詳細は、豊田(2015)やKruschke(2017)も参照してください。

2-1　説明の進め方

この章の目的は、最終的にはハミルトニアンモンテカルロ法(Hamiltonian Monte Carlo：HMC法)を用いた、状態やパラメタの推定方法を理解していただくことです。

しかし、HMC法は、パラメタの推定とは本来何の関係もない、単なる乱数生成のためのアルゴリズムです。ここに大きな隔たりがあります。

パラメタ推定と乱数生成のつながりを理解しなければ、Stanのしていることを理解することは困難です。

この章では、「ベイズの定理」と呼ばれる、ベイズ推論の基本となる考え方の説明から始めます。

ベイズの定理を学んだあとに、ベイズの定理に基づいた、パラメタの取り扱い方を学びます。ベイズはパラメタの取り扱い方がかなり特殊でして、ここのイメージをつかむことが最初のハードルとなります。

そして「パラメタを推定する」ということと「乱数を生成する」ということのつながりを理解できれば、Stanによる推定結果の解釈ができるようになります。まずはこの段階まで進むことを目指してください。

そのあと、補足事項として「乱数を発生させるメカニズム」の解説に移ります。

メトロポリス法から始めて、その手法の欠点を知り、解決策としてのHMC法を紹介します。

この本では、以下の内容は解説しません。
- 頻度主義やベイズ主義と呼ばれる哲学
- HMC法の(数式などを用いた)詳細なアルゴリズムの解説
- HMC法の実装方法

Stanを使うということを前提として、分析の結果の解釈ができることを目標に解説を進めていきます。

2-2　ベイズの定理と事前確率・事後確率の関係

ここからベイズ推論の考え方の説明に移ります。

ベイズ推論は、ベイズの定理に基づいて、パラメタを推定したり状態を推定したり、といった推論を行います。

というわけで、ベイズ推論を学ぶ第一歩として、ベイズの定理を学びます。

ベイズの定理とは、データ(観測値)を用いて、事前確率を事後確率に更新するための計算式です。

事前確率とは、データを手に入れる前に想定していた確率のことです。
事後確率とは、データを用いて事前確率を修正した結果の確率です。

明日の気温がいくらになるのか想像してみます。
よくわからないけど「20℃以上になる確率」は40%かな、となんとなく考えました。これが事前確率です。
昨日の気温が25℃だったというデータが得られたとしましょう。昨日暖かかったのですから、今日も暖かくなるかもしれないと思い「20℃以上になる確率」を70%に更新しました。これが事後確率です。
さらに、今日の気温の速報値が出ました。どうも26℃あったそうです。「20℃以上になる確率」はもっと増えて90%と更新されました。

ベイズの定理を使うことによって、データが手に入るたび、事後確率を更新させることができます。

2-3　ベイズ更新

事前確率を更新して事後確率にする流れを、数値を使ってみていきます。

男性が 10 人、女性が 10 人、クラスにいたとします。
部屋の中には、クラスのメンバーが一人だけ入室しています。
その人は、女性でしょうか、男性でしょうか。

何も情報がなければ、男性である確率も、女性である確率も「50%」だと推測するところです。
この「50%」が事前確率です。

次は、データが手に入ったことによる、事前確率の変化を見ていきます。

部屋の前に赤い鞄が置いてありました。

男性 10 人のうち、1 人は赤い鞄を持っています。
女性 10 人のうち、3 人は赤い鞄を持っています。

女性のほうが、赤い鞄を持っている確率が高いです。
クラスのメンバー全員で見ると、20 人中 4 人、すなわち 20%の人が赤い鞄を持っています。
一方、女性だけでみると、10 人中 3 人、すなわち 30%の人が赤い鞄を持っています。

30÷20=1.5 ですね。すなわち、「女性はクラス平均の 1.5 倍、赤い鞄を持ちやすい」ことになります。
そして、部屋の前には赤い鞄が置かれている。
ということで「部屋の中にいる人は、1.5 倍、女性でありやすい」と推察されます。

部屋の中にいる人が女性である確率は、事前確率を1.5倍した 50×1.5＝75% となります。

事前確率が、「赤い鞄が置いてあるというデータ」によって1.5倍されました。変化した結果の75%という確率を、事後確率といいます。

このように、データを用いて事前確率を変化させることを「ベイズ更新」と呼びます。

2-4　ベイズの定理

ベイズの定理とは、先ほどのベイズ更新の考え方を数式で表したものにほかなりません。

ベイズの定理では、以下のように事前確率を事後確率に更新します。

$$\text{事後確率} = \text{事前確率} \times \text{修正項} \tag{6-1}$$

修正項は以下のように展開できます。

$$\text{事後確率} = \text{事前確率} \times \frac{\text{女性という条件で、赤い鞄を持つ確率}}{\text{平均的に、赤い鞄を持つ確率}} \tag{6-2}$$

これで「女性はクラス平均の1.5倍、赤い鞄を持ちやすい」状況で「赤い鞄が置かれていた」という観測値を手に入れた際の事後確率を計算することができました。

先ほどの議論を、より一般化していきます。
パラメタを θ とします。先ほどの例だと「部屋の中にいる人(男性か女性か)」がパラメタとなります。
観測値を y とします。先ほどの例だと「部屋の前に赤い鞄が置かれていた」というのが観測値となります。

ベイズの定理は以下のように定式化されます。

$$P(\theta|y) = P(\theta)\frac{P(y|\theta)}{P(y)} \tag{6-3}$$

ただし、$P(\theta|y)$ は条件付確率で「観測値が得られたという条件におけるパラメタの確率」となります。

多くの本では以下のようにベイズの定理が記載されています。順番が入れ替わっただけで、中身は変わりません。

$$P(\theta|y) = \frac{P(y|\theta)P(\theta)}{P(y)} \tag{6-4}$$

2-5 事前分布と事後分布

先ほどの性別予想問題では「女性である」確率だけを考えていました。
しかし、当然ですが「男性である」確率も計算することができますね。

要素と確率を対応させたものを確率分布と呼びます。
先ほどの例だと事前確率の確率分布は $\{P(男性), P(女性)\} = \{0.5, 0.5\}$ となります。これを事前分布と呼びます。
事後分布は $\{P(男性|赤鞄発見), P(女性|赤鞄発見)\} = \{0.25, 0.75\}$ となります。
事前確率を事前分布と、事後確率を事後分布として今後は扱うこととします。
なお、事後分布は条件付確率の分布であるため「条件付確率分布」と呼ばれる形式になります。

ベイズの定理は「観測値を用いて、事前分布を事後分布に変化させる公式」なのだと思うとわかりよいかもしれません。

2-6 補足：確率の基本公式

確率の基本公式を説明します。周辺確率・同時確率・条件付確率といった用語を理解していただくことが目的です。

2-6 補足：確率の基本公式

2-3 節で紹介した、性別予想問題の例を再掲します。

		赤鞄有無 y		合計
		$y=$所持	$y=$無い	
性別 θ	$\theta=$女性	3	7	10
	$\theta=$男性	1	9	10
合計		4	16	20

$P(\theta=$女性$)$ や $P(y=$赤鞄所持$)$ といった確率を「周辺確率」と呼びます。周辺とは、上記の表における端っこ(周辺)の数値を使って計算ができるから、と考えるとわかりよいです。

クラスの合計人数が 20 人です。女性の行の端っこに女性の合計人数が出ていますね。これが 10 人。よって『女性の合計人数÷クラスの合計人数=10÷20=0.5』で女性の周辺確率が出てきます。同様に赤鞄を持っている人の周辺確率は 4÷20=0.2 です。

$P(\theta=$女性$, y=$赤鞄所持$)$ といった確率を「同時確率」と呼びます。「女性で"かつ"赤鞄を持っている確率」となります。分母はクラスの人数全体(20 人)のまま変わりません。分子は「女性で"かつ"赤鞄を持っている人の数」となり、3 人しかいないようですので、『3÷20=0.15』となります。

$P(y=$赤鞄所持$|\theta=$女性$)$ といった確率を「条件付確率」と呼びます。「女性という条件で、その人が赤鞄を持つ確率」と解釈します。

分子は「女性で"かつ"赤鞄を持っている人の数」ですので、同時確率と変わらずに 3 人です。

一方、女性であるという条件が付くので分母が小さくなります。女性の人数は 10 人しかいないので、これが分母となります。よって条件付き確率は『3÷10=0.3』となります。

同時確率は、以下のように、条件付き確率を用いて計算できます。

$$P(\theta=女性, y=赤鞄所持) = P(y=赤鞄所持|\theta=女性)P(\theta=女性) \quad (6\text{-}5)$$

周辺確率は、以下のように、同時確率の和として計算できます。

$$P(y = 赤鞄所持) = \sum_{i=1}^{2} P(\theta = \theta_i, y = 赤鞄所持) \quad (6\text{-}6)$$

ただしθ_1は男性で、θ_2は女性です

(6-5)と(6-6)より、周辺確率は、以下のように、条件付き確率を用いても計算できることがわかります。これを周辺化とも呼びます。

$$P(y = 赤鞄所持) = \sum_{i=1}^{2} P(y = 赤鞄所持 | \theta = \theta_i) P(\theta = \theta_i) \quad (6\text{-}7)$$

(6-7)式を用いると、ベイズの定理は以下のように変形できます。

$$P(\theta|y) = P(\theta) \frac{P(y|\theta)}{\sum_{i=1}^{n} P(y|\theta = \theta_i) P(\theta = \theta_i)} \quad (6\text{-}8)$$

2−7　確率密度と確率と積分

ここでは確率密度という考え方を導入します。

気温を例に挙げます。今は朝起きたばかりの午前5時。今日の気温は何度になるでしょうか。

例えば20℃だろうと考えたとします。気温というパラメタθは20だと。

次はパラメタθの確率を求めるのですが、ここで問題があります。

手元のデジタル温度計では、0.1℃までしか表示されていません。しかし、もっと高性能な温度計を使えば0.0001℃単位で測定できるかもしれません。20℃丁度という気温など、厳密に言えば存在しないのです。気温が20℃となる確率は、と問われれば0%と答えざるを得なくなります。

そこで確率密度を使います。確率密度をある区間において積分すると、「その区間にパラメタθが入る確率」が求まります。

さて、朝起きると手元の温度計に20.1℃と表示されていたとしましょう。観測

値ゲットです。確率分布を事後分布へと更新します。

この時「観測値が手に入った後、気温が20〜21℃の範囲に収まる確率」はいくらになるかというと、以下の積分計算を解けばよいことになります。

$$\int_{20}^{21} p(\theta|y)d\theta = \int_{20}^{21} p(\theta)\frac{p(y|\theta)}{p(y)}d\theta \tag{6-9}$$

ただしp(·)は確率密度です。

この式を理解する際に「観測値yはもう手に入っている(固定である)」ことを忘れないようにしてください。

2−8　点推定値としてのEAP推定量

パラメタの確率分布が求まるのは良いのですが、点推定値がほしいこともあります。そこで使われるのが事後期待値(Expected A Posteriori：EAP)です。

これは名前の通り、パラメタの期待値を求めたものです。

期待値は「確率×その時の値」の合計から求めることができます。

$$\hat{\theta}_{eap} = \int_{-\infty}^{\infty} p(\theta|y)\theta\, d\theta = \int_{-\infty}^{\infty} p(\theta)\frac{p(y|\theta)}{p(y)}\theta\, d\theta \tag{6-10}$$

確率密度を相手にしているため、「合計」の演算が積分に変わりました。

2−9　統計モデルと階層的な確率分布

次は、統計モデルのパラメタを対象としてみましょう。

話の簡単のため、以下の切片だけしかない線形回帰モデルを対象とします。

$$y_t = \theta + v_t, \quad v_t \sim N(0, 4) \tag{6-11}$$

観測誤差の分散の値はすでに分かっていたとしましょう。推定すべきパラメタは切片θです。

ここで、(6-11)式に従うと、観測値y_tは以下の確率分布に従って発生するとみなせます。

$$y_t \sim N(\theta, 4) \tag{6-12}$$

昨日までのすべてのデータ Y_{t-1} を使って、パラメタの事後分布を求めます。

$$\theta \sim p(\theta|Y_{t-1}) \tag{6-13}$$

モデルのパラメタ θ は事後分布 $p(\theta|Y_{t-1})$ に従う。そのパラメタ θ を使って、今日の観測値の確率分布 $N(\theta, 4)$ を予測する。これがベイズ流のモデルの推定です。

確率分布が2つも出ていることに注意が必要です。ベイズ推論では、推定すべきパラメタを確率分布として取り扱います。この事、ぜひご銘記ください。

2-10 無情報事前分布

ベイズの定理を駆使すれば、なんだかパラメタが推定できそうだね、という話を今までしてきました。

次に、ベイズ推論がクリアしていかなくてはならない課題とその解決策を説明していきます。

まずは事前分布をどのようなものにするか、という問題です。
更新式はベイズの定理を使えばよいのですが「更新前の事前分布」はテキトーに決めるしかないです。
もちろん、事前分布を変えると、事後分布の形状も変わります。

そこで登場するのが「無情報事前分布」です。
これは例えば「平均0で分散が 10000000^2 の正規分布」などとても幅の広い確率分布を事前分布に指定する手法です。
無情報事前分布ですと、パラメタが1になる確率密度も100になる確率密度も共に小さな値になります。パラメタが1になるのか100になるのか見当もつかないというときは、「ありうるパラメタの値」に、みな等しく平等に低い確率密度を割り当てた確率分布を使うということです。いろいろなパラメタの候補を差別せ

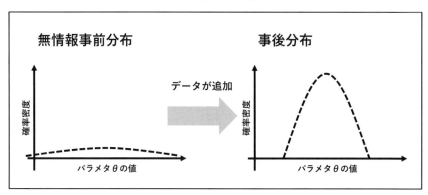

ずに扱うことができます。

そして、観測値を用いてベイズ更新を行うことで、「確からしいパラメタの値」には高い確率密度を割り当てて、「これは間違いだろうというパラメタの値」には低い確率密度を割り当てなおすことになります。

事前分布の裾が広かったとしても、事後分布にすると、裾の狭い分布に更新されていくわけです。

2-11　事後分布の計算例＊

2-9節の、切片しかない回帰モデルの例を使って、事後分布を求めてみます。

ここでは数式が多く出てくるうえ、この節の内容がわからなくても以降の内容を読み進めることはできるので、難しければ飛ばしてください。

事後分布の計算式を再掲します。

計算の簡単のため、時点を表す添え字は省略します。

$$p(\theta|y) = p(\theta)\frac{p(y|\theta)}{p(y)}$$

$p(\theta|y)$は事後分布です。これを今から計算します。

$p(\theta)$は事前分布です。無情報事前分布として、「期待値0、分散10000000^2」の正規分布を用いることにしましょう。

$$p(\theta) = \frac{1}{\sqrt{2\pi \times 10000000^2}} e^{\left\{-\frac{\theta^2}{2 \times 10000000^2}\right\}} \tag{6-14}$$

p(y|θ)は「パラメタが得られたという条件において、データが得られる確率」ですので、これは尤度を表しています。今回の計算例では(6-12)より、平均がθで分散が4である正規分布とみなすことができます。

$$p(y|\theta) = \frac{1}{\sqrt{2\pi \times 4}} e^{\left\{-\frac{(y-\theta)^2}{2\times 4}\right\}} \tag{6-15}$$

最後にp(y)ですが、これをそのまま解釈して分布を求めるのは困難です。そこで、周辺化します。

$$\begin{aligned}p(y) &= \int_{-\infty}^{\infty} p(y|\theta)p(\theta)\,d\theta \\ &= \int_{-\infty}^{\infty} \frac{1}{\sqrt{2\pi \times 4}} e^{\left\{-\frac{(y-\theta)^2}{2\times 4}\right\}} \frac{1}{\sqrt{2\pi \times 10000000^2}} e^{\left\{-\frac{\theta^2}{2\times 10000000^2}\right\}} d\theta\end{aligned} \tag{6-16}$$

p(y|θ)もp(θ)もすでに分かっているわけですから、これも計算できますね。

全部まとめるとこうなります。

$$\begin{aligned}p(\theta|y) &= \frac{p(\theta)p(y|\theta)}{p(y)} \\ &= \frac{\frac{1}{\sqrt{2\pi \times 10000000^2}} e^{\left\{-\frac{\theta^2}{2\times 10000000^2}\right\}} \frac{1}{\sqrt{2\pi \times 4}} e^{\left\{-\frac{(y-\theta)^2}{2\times 4}\right\}}}{\int_{-\infty}^{\infty} \frac{1}{\sqrt{2\pi \times 4}} e^{\left\{-\frac{(y-\theta)^2}{2\times 4}\right\}} \frac{1}{\sqrt{2\pi \times 10000000^2}} e^{\left\{-\frac{\theta^2}{2\times 10000000^2}\right\}} d\theta}\end{aligned} \tag{6-17}$$

これが事後分布の確率密度関数となります。
眺めていると目が痛くなりそうですが、これでもかなり単純な方です。

2-12　積分が困難という問題

ベイズの定理を使うと、事後分布の確率密度関数が計算できる。ここまでは良いです。計算はちょっと大変なのですが、コンピュータが勝手に計算してくれます。

事後分布の確率密度関数が計算できたそのあとが問題です。

「事後分布の確率密度関数」は大変に複雑な式になることがほとんどです。パラメタが一つだけの線形回帰モデルですとそれほどではないのですが、状態空間モ

デルになって、推定すべきパラメタがたくさんになって、見えない「状態」の値も同時に推定しないといけない、となると、かなり複雑になります。

　複雑な数式でもコンピュータが計算してくれるから大丈夫、とはいきません。複雑すぎる数式だと、積分計算ができなくなります。これは豊富なコンピュータ資源を使ったとしてもダメで、積分計算はできません。

　積分ができなくなると、「パラメタθが20〜21の範囲に収まる確率」のようなものが算出できなくなります。
　また、パラメタの点推定値を事後期待値として計算する際にも、積分計算が必須です。もちろんこれも計算できません。

2-13　パラメタ推定と乱数生成アルゴリズムの関係

　積分ができないという問題に対する解決策が、乱数生成アルゴリズムを使うことです。
　パラメタθの「事後分布の確率密度関数」に従う乱数を例えば10000個発生させたとします。
　パラメタθのEAP推定量は、10000個の乱数の平均値となります。
「パラメタθが20〜21の範囲に収まる確率」を計算したければ、「パラメタθが20〜21の範囲に収まっている個数」を数えてやればよいです。5000個あったとしたら、5000÷10000=0.5となるため、50%であると計算ができます。
　簡単ですね。

　乱数生成さえできれば、ベイズ推論の問題を解決することができます。
　乱数生成をすればいいとわかっても、積分ができないくらい複雑な関数を相手にしているので、もちろん簡単にはいきません。
　けれども乱数を生成する方法があって、その1つがStanでも採用されているHMC法となります。

2-14　乱数生成で取り組む問題

今までは「なぜ乱数生成アルゴリズムが必要か」という理由の説明でした。ここからは「どのようにして乱数を生成するか」という手法の説明に移ります。

正規分布に従う乱数を発生させることなら簡単です。
しかし、汎用的な「確率密度関数を与えれば、それに従う乱数を発生させてくれる」アルゴリズムを考えるのはなかなか難しいです。特別な手法が必要となります。

次節から乱数生成アルゴリズムの説明に移りますが、その前に今から取り掛かる問題を整理します。

■すでに分かっていること
まず、データは手に入っています。そのうえで、事後分布$p(\theta|y)$の確率密度関数も計算ができています。
すなわち、$\theta = 0.05$のように決め打ちでパラメタを指定すれば、その時のθの確率密度は即座に計算ができるということです。

■わからないこと
事後分布$p(\theta|y)$の形状はわかりません。$\theta = 0.05$の時に最も確率密度が高くなるのか、$\theta = 64$の時に最も高くなるのか、といったことはわからないということです。先述のように事後分布の積分もできません。

2-15　乱数生成：メトロポリス法

汎用的な乱数生成アルゴリズムとしてよく知られているものは、メトロポリス法です。メトロポリス法の基本的な考え方はHMC法と同じです。

乱数を生成する際、確率密度の高さによって、採用され易さが変わるようにしたいですね。
すなわち確率密度が高いパラメタは、乱数として多く採用されてほしいです。

ただし、確率密度が低くても、少しくらいなら、採用されてほしい。

そこで、メトロポリス法では、以下のような手順で乱数を生成します。
1. パラメタの初期値をテキトーに定める
2. その初期値における確率密度を計算する。これを p(初期値)とする
3. 平均0、分散σ^2に従う正規乱数を生成する
4. 以下の確率密度を計算する。p(初期値＋正規乱数)
5. p(初期値＋正規乱数)と p(初期値)を比較する
    5.1 p(初期値＋正規乱数) > p(初期値)なら、「初期値＋正規乱数」の値を、乱数として採用する
    5.2 p(初期値＋正規乱数) < p(初期値)なら、
    p(初期値＋正規乱数) ÷ p(初期値)　を計算する。
    この比率を「提案パラメタ採用確率」と呼ぶ
        5.2.1 提案パラメタ採用確率で「初期値＋正規乱数」が乱数として採用される
        5.2.2 「初期値＋正規乱数」が乱数として採用されなければ、初期値をそのまま乱数として採用する
6. 乱数として採用されたパラメタを初期値として、1に戻る

メトロポリス法では、確率密度の大小や比率のみに着目します。
ベイズの定理を再掲します。

$$p(\theta|y) = \frac{p(\theta)p(y|\theta)}{p(y)}$$

この時、右辺の分母p(y)は定数ですので、比率には影響を与えません。そのため、分母は無視して計算を進めることができるようになります。

2-16　メトロポリス法の問題点

メトロポリス法の課題は、手順3「平均0、分散σ^2に従う正規乱数を生成する」部分にあります。

具体的には、分散σ^2をいくらにするか決めるのが難しいのです。

分散が小さいと、パラメタがほとんど変化しないことはわかるかと思います。これは効率が悪いです。

しかし、分散を大きくすればよいというわけでもありません。

分散を大きくすると、とんでもなく変なパラメタも提案されやすくなります。そのようなパラメタは当然、確率密度が低くなると予想されるので、採用されにくくなります。こちらもやはり、採用されるパラメタがなかなか変化しません。

うまい具合にパラメタを変化させつつ、乱数として採用するかどうかを判断したいところです。

2-17　効率の良い乱数生成：HMC法

うまい具合にパラメタを変化させるのに、物理の力学のロジック用いたのが、ハミルトニアンモンテカルロ法(Hamiltonian Monte Carlo：HMC法)です。

この節では、「パラメタの効率的な変化のさせ方」を説明します。

言い換えると「採用されやすいパラメタを提案する方法」の説明です。

HMC法を説明する際によく用いられるのが、谷底に転がるビー玉のたとえ話です。角度のある斜面でビー玉をはじくと、転がっていきますね。この時、ある程度はランダムに転がりますが、谷底に近い部分にビー玉が集まりやすくなることが予想されます。

2-17 効率の良い乱数生成：HMC法

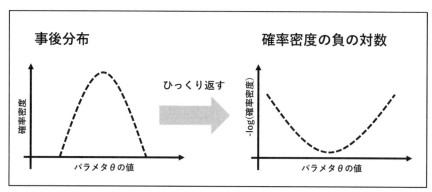

　まず、事後分布の確率密度の負の対数をとります。こうすると、山形だった分布が谷のような形状にひっくり返ることになりますね。

　ひっくり返した事後分布から、任意の初期値を選びます。この初期値にビー玉を置きます。
　このビー玉をランダムな大きさの力で、ランダムな方向にはじきます。

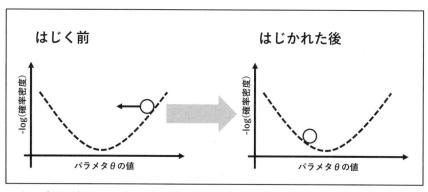

　少し時間が経ってから、ビー玉の位置を調べます。これが「提案された新しいパラメタ」となります。

　このやり方ですと、谷底に近い(対数尤度が高い)位置のパラメタが提案されやすいので、採用されやすくなるわけです。正規乱数と違って、移動の幅は左右非対称となるのが普通です。

図では、事後分布が図示されていますが、もちろん分布の形状は、本当はわかっていません。しかし、確率密度関数さえわかっていれば、このシミュレーションを実行することができます。

HMC 法は、一回の乱数発生にかかる計算コストは高くなりますが、無駄になる試行錯誤が少ないため、効率よく乱数を生成することができます。

Stan では HMC 法の一つの実装である NUTS(No-U-Tern Sampler)を用いています。

2-18　用語：MCMC

MCMC は Markov Chain Monte Carlo(マルコフ連鎖モンテカルロ法)の略称です。
マルコフ連鎖とは、1 時点先の値が、現在の時点の値だけから決定される(それ以前の値は気にしない)プロセスを指します。
モンテカルロ法とは、乱数を使って何かの計算を行うことを指します。

MCMC は乱数生成法の「枠組み」の一つです。
先ほど解説したタイプのメトロポリス法や HMC 法は、MCMC の一種です。
MCMC としてはほかにも、ギブスサンプラーなどのアルゴリズムが知られています。この本では紹介しませんが、JAGS というソフトウェアなどでは、こちらのギブスサンプラーが主に使われています。

3章　実装：Stanの使い方

この章では、StanというHMC法を実装したソフトウェアを実際に使い、ベイズ推論によるパラメタ推定の方法を解説します。

ソフトの使い方だけでなく、乱数生成アルゴリズムを用いたパラメタ推定結果の解釈の方法も併せて説明します。

Stanの概要は公式ページ[URL: http://mc-stan.org/]を、Stanの詳細な使い方については松浦(2016)なども参照してください。

3-1　Stanのインストール

Stanをインストールする際は『RStan Getting Started (Japanese)』というWebページを参照されると便利です[URL:https://github.com/stan-dev/rstan/wiki/RStan-Getting-Started-(Japanese)]。この本ではWindows10の使用を前提とします。Macをお使いの場合は上記URLからMacのためのインストール手順を参照してください。もしも上記URLのリンクが切れていた場合は、「Stanインストール」で検索すれば日本語で多くの情報が出てくるはずです。

StanをRから呼び出す際にRStanと呼ばれる外部パッケージを用います。

RからStanを呼び出して使うまでの手順は、以下の通りです(詳細は、上記のWebページを参照してください)。

1. 最新バージョンのRをインストール(インストール済みなら不要)
2. 最新バージョンのRStudioをインストール(インストール済みなら不要)
3. インストールしたRのバージョンに合わせて、Rtoolsを以下のURL[https://cran.r-project.org/bin/windows/Rtools/]からインストール(PATHを通すのを忘れない)
4. Rから以下のコードを実行して、RStanとStanを合わせてインストール

```
install.packages('rstan', dependencies=TRUE)
```

5. Rを再起動する

3-2　この章で使うパッケージ

　この章で使う外部パッケージの一覧を載せておきます。この章では断りなくこれらの外部パッケージの関数を使用することがあります。パッケージのインストールはすでに行われているとします。

```
library(rstan)
library(ggplot2)
```

　また Stan を使用する際は、以下のコードを実行しておくと、計算速度が速くなります。詳細は後述します。

```
rstan_options(auto_write = TRUE)
options(mc.cores = parallel::detectCores())
```

3-3　シミュレーションデータの作成

　今回は、ローカルレベルモデルに従うシミュレーションデータを生成します。

$$\mu_t = \mu_{t-1} + w_t, \quad w_t \sim N(0, \sigma_w^2)$$
$$y_t = \mu_t + v_t, \quad v_t \sim N(0, \sigma_v^2)$$

ローカルレベルモデルは以下のように表現しても同じです。

$$\mu_t \sim N(\mu_{t-1}, \sigma_w^2)$$
$$y_t \sim N(\mu_t, \sigma_v^2)$$

ただし $\mu_1 \sim N(\mu_0, \sigma_w^2)$ です。μ_0 は状態の初期値です。

　まずは、シミュレーションデータの入れ物を用意します。

```
# data
n_sample <- 100          # サンプルサイズ
y <- numeric(n_sample)   # 観測値


# parameters
```

```
mu_zero <- 100              # 状態の初期値
mu <- numeric(n_sample)     # 状態の推定値
s_w <- 1000                 # 過程誤差の分散
s_v <- 5000                 # 観測誤差の分散
```

分析対象となるデータをシミュレーションで作成します。少し理由があって、あえて効率の悪い書き方をしています。

```
set.seed(1)
# 状態の初期値から最初の時点の状態が得られる
mu[1] <- rnorm(n = 1, mean = mu_zero, sd = sqrt(s_w))

# 状態方程式に従い、状態が遷移する
for(i in 2:n_sample) {
  mu[i] <- rnorm(n = 1, mean = mu[i-1], sd = sqrt(s_w))
}

# 観測方程式に従い、観測値が得られる
for(i in 1:n_sample) {
  y[i] <- rnorm(n = 1, mean = mu[i], sd = sqrt(s_v))
}
```

1時点目の状態 mu は、状態の初期値 mu_zero に過程誤差が加わったものとして得られます。2時点目以降の状態は、前時点の状態に過程誤差が加わったものとして得られます。

観測値は、同じ時点における状態に、観測誤差が加わったものとして得られます。

シミュレーションでデータを作っているわけですが、実際は「手持ちのデータが、このようなデータ生成過程に従って得られている」と考えて、私たちはロー

カルレベルモデルをデータに適用しているわけです。

3−4　stanファイルの記述

RStudioのメニューから「File → New File → Text File」の順に選択して、新しいテキストファイルを作成します。そしてそのファイルを『6-3-local-level-model.stan』という名称で保存します。

拡張子「.stan」であるファイルをRStudioで開くと、Rのソースを書く時と同じように、コードの記述を助ける様々なサポートをしてくれます。
このファイルに、以下の要領でコードを記述します。

```
data {
  // 使用されるデータを記述
}

parameters {
  // 推定される状態・パラメタの一覧を記述
}

model {
  // データ生成過程を記述
}
```

細かいですが、ファイルの最終行には必ず空白行が必要です。

3−5　dataブロックの指定

dataブロックには、以下のように記述します。

```
data {
```

```
  int n_sample;        // サンプルサイズ
  real y[n_sample];    // 観測値
}
```

n_sample や y という変数を定義しました。この時、以下の点に注意が必要です。
1. 変数の「型」をあらかじめ宣言する。代表的な変数型は以下の通り
    1.1 `int`：整数型
    1.2 `real`：実数型
        1.2.1 `y[n_sample]`：長さが n_sample である配列。int 型も配列にできる
2. 行末にセミコロンを付ける
3. コメントはスラッシュ二回(//)を頭につける

今回はシミュレーションデータを対象とするわけですが、ナイル川の流量データでも売り上げデータでもなんでも、同じ stan ファイルでモデル化したいですよね。その時「データを変えた時に変更される変数」をここに指定します。

3-6　parameters ブロックの指定

parameter ブロックには、以下のように記述します。

```
parameters {
  real mu_zero;            // 状態の初期値
  real mu[n_sample];       // 状態の推定値
  real<lower=0> s_w;       // 過程誤差の分散
  real<lower=0> s_v;       // 観測誤差の分散
}
```

parameter ブロックは、推定される状態やパラメタが格納される変数を定義します。

`<lower=0>` とつけることによって、最小値が 0 となります。分散が 0 未満になることはあり得ないため、この指定を付けました。

3-7　modelブロックの指定

modelブロックには、以下のように記述します。

```
model {
  // 状態の初期値から最初の時点の状態が得られる
  mu[1] ~ normal(mu_zero, sqrt(s_w));

  // 状態方程式に従い、状態が遷移する
  for(i in 2:n_sample) {
    mu[i] ~ normal(mu[i-1], sqrt(s_w));
  }

  // 観測方程式に従い、観測値が得られる
  for(i in 1:n_sample) {
    y[i] ~ normal(mu[i], sqrt(s_v));
  }
}
```

modelブロックには、データ生成過程を直接記述します。

チルダ記号(~)は「チルダ記号の右側にある確率分布に従って、左側の変数が得られる」と翻訳します。

例えば「1時点目の状態 mu[1] は、平均値が状態の初期値 mu_zero、分散が過程誤差の分散 s_w の正規分布に従って得られる」と仮定しているわけです。正規分布を表す関数 normal の引数には標準偏差が入るため、sqrt 関数を使って平方根を計算していることに注意してください。

なお、特に指定をしない場合は、事前分布として無情報事前分布が使用されます。

3-8　データ生成過程(DGP)と Stan の関係

　ある程度は意図的なものもありますが、シミュレーションデータの生成コードと Stan におけるモデルの生成コードが極めてよく似ていることがわかるかと思います。

　Stan は確率的プログラミング言語と呼ばれるものの一種です。
　Stan を用いることで「どの変数が、どのような確率分布に従って生成されているか」をそのまま記述して、モデルを構築することができます。
　データを確率変数としてみなし、確率変数の従う確率分布を推定することこそが、「まだ手に入れていない未来のデータを推測する」ための推測統計学の枠組みです。
　これをそのままコードとして書くことができるのが、確率的プログラミング言語であり、Stan なのです。

3-9　Stan によるローカルレベルモデルの推定

　先ほど作成した stan ファイルを用いて、ローカルレベルモデルを推定してみます(実はこの方法だとモデルは正しく推定されません)。

```
# データの準備
data_sim <- list(y = y, n_sample = n_sample)


# モデルの推定
fit_stan_1 <- stan(
  file = "6-3-local-level-model.stan",
  data = data_sim,
  iter = 550,
  warmup = 50,
  thin = 1,
  chains = 4,
```

```
  seed = 1
)
```

　まず、stan の data ブロックに格納する変数を、list 形式で用意します。
モデルを推定するのには rstan パッケージの stan 関数を使います。

　引数の説明をします。
■file：stan ファイルのファイル名
■data：list 形式でまとめられた stan の data ブロックに格納する変数
■iter：繰り返し数
　乱数を生成する回数の指定です。1000 回以上は指定するのが普通です。多い方が結果は安定しますが、計算に時間がかかります。
■warmup：生成された乱数を切り捨てる期間
　乱数を生成する際、乱数の初期値にある程度依存してしまいます。初期値への依存性を下げるために、乱数のうち、最初に生成されたものを切り捨てます。どれだけの長さを切り捨てるかを指定するものが warmup です。
■thin：間引き数
　例えば thin = 2 だと、生成された乱数のうち 2 個に 1 個を間引きして捨てます。thin = 5 だと 5 個のうち 4 個が間引きされて捨てられます。
　乱数を生成する際、1 ステップ前の乱数の採用値を少し変化させて、次のパラメタの値を乱数として提案します。この時 1 個前の乱数と次の乱数が似ている(相関をもつ)ことがあります。前後の乱数に引きずられた値ばかりが採用されると困るので、間引きをします。

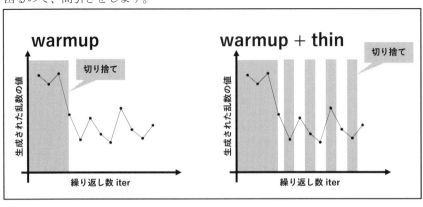

■chains：「iter 回の乱数生成」を行う回数

　得られた乱数の値を信用しても良いものかどうか確認するために、「iter 回の乱数生成」を何度も繰り返し実行します。

　乱数は毎回異なる値が生成されます。それが「少し違うだけ」ならよいのですが、計算するたびにパラメタの EAP 推定量が 100 になったり 1 億になったりするというのでは問題です。そこで同じ計算を何度もやり直して「似たような結果になるかどうか」を確認します。「iter 回の乱数生成」を 1 回の chain と呼びます。

　収束したかどうかは、生成された乱数をプロットすればある程度わかります。chain ごとに混じりあうように乱数が生成されていれば収束したとみなします。

　この「混じり具合」に関しては$\hat{R}$と呼ばれる指標で定量的に判断することができます。$\hat{R}$ が 1.1 未満ならば「シミュレーションをやり直してもちゃんと似たような結果になっている」言い換えると「パラメタが収束した」とみなすことができます。

■seed：乱数の種。結果の再現性を担保するために、指定はほぼ必須です。

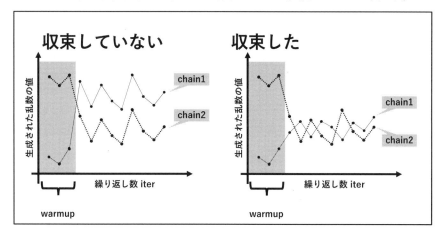

　stan 関数の実行には時間がしばらく必要です。それでも Stan というソフトはかなり高速です。

　もちろん HMC 法を用いているため無駄な計算をしていないというのも理由の 1 つですが、他にもあります。

高速化の工夫の1つがC++の利用です。R言語は実は処理速度がかなり遅いです。そこでC++という別のプログラミング言語を間に挟んで計算を実行しています。そのために事前にRtoolsをインストールしたのです。C++を使うことで計算は高速化されましたが、コンパイルする(C++で書かれたコードを、コンピュータが実行可能な形式に変換する)という別の作業が入ることになってしまいました。そこで3-2節で行ったように『rstan_options(auto_write = TRUE)』と指定します。これは再コンパイルをしなくて済むように、コンパイル後のStanプログラムを保存しておくという指定でした。

計算そのものの高速化のために並列化演算を行います。『options(mc.cores = parallel::detectCores())』はそのための指定でした。

3-10　結果の出力と収束の判定

得られた乱数の要約を見るには、以下のコードを実行します。

```
options(max.print=100000)
print(fit_stan_1)
```

しかし、これだと出力結果が長すぎるので、以下のように、抽出する範囲を設定します。無駄な出力は一部削除しています。

```
> print(
+   fit_stan_1,                    # 推定結果
+   digits = 1,                    # 小数点桁数
+   pars = c("s_w", "s_v", "lp__"),  # 表示するパラメタ
+   probs = c(0.025, 0.5, 0.975)   # 区間幅の設定
+ )
         mean  se_mean       sd    2.5%     50%    97.5%  n_eff  Rhat
s_w     908.6     68.8    608.3     2.9   839.1   2398.0     78   1.0
s_v    7941.3   1544.0  10680.3  3480.8  5173.2  50028.7     48   1.1
lp__   -832.2      8.7     51.7  -886.7  -846.1   -667.9     35   1.1
```

過程誤差の分散(s_w)の行を見ると、平均値(EAP推定量)やその標準誤差、標準

偏差、95%区間と中央値が出力されているのがわかります。

n_eff は、有効サンプルサイズと呼ばれるものです。生成された乱数のうち、前の値に引きずられたものなどは有効なサンプルとしてみなされません。そういったものを差し引いて残った乱数の個数です。これは100以上あることが望ましいです。

Rhatは収束の判定に用いられる指標です。1.1未満であることが求められます。

今回の推定結果は、両者ともにうまくいっていないことがわかります。推定のし直しが必要です。

なお、最後の行のlp__は「対数事後確率」です。これは、モデルのパラメタなどとは異なり、計算の途中に使われる値です。この値も収束していることが必要です。

chain ごとに得られた乱数を図示すると、結果が収束していないことがよくわかります(実際のグラフはカラーです)。

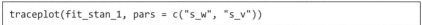

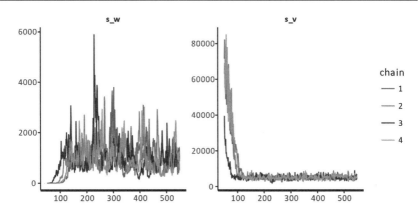

3-11 収束をよくするための調整

収束をよくするために、iter と warmup を増やしました。間引きも行うようにしました。stan ファイルは変わらないのでそのまま計算ができます。この場合、

コンパイルが不要ですので、実行時間がやや短くなります。

```
fit_stan_2 <- stan(
  file = "6-3-local-level-model.stan",
  data = data_sim,
  iter = 5000,
  warmup = 2500,
  thin = 5,
  chains = 4,
  seed = 1
)
```

traceplotを確認すると、きれいにまじりあっていることがわかります。

```
traceplot(fit_stan_2, pars = c("s_w", "s_v"))
```

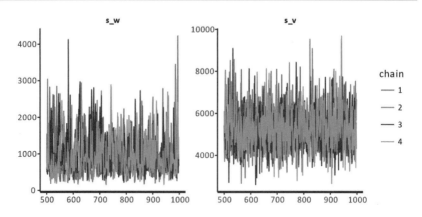

得られた乱数の要約を出力させます。

```
> print(
+   fit_stan_2,           # 推定結果
+   digits = 1,           # 小数点桁数
```

```
+     probs = c(0.025, 0.5, 0.975)      # 区間幅の設定
+ )
           mean se_mean     sd    2.5%     50%   97.5% n_eff Rhat
mu_zero    75.2     1.2   54.2   -32.4    75.5   178.5  1925    1
mu[1]      75.4     1.0   44.0   -12.2    76.8   160.7  1854    1
・・・中略・・・
mu[100]   461.0     1.0   41.3   381.5   460.3   545.9  1880    1
s_w       948.7    21.7  517.1   297.3   827.1  2272.3   567    1
s_v      5239.5    24.5  963.2  3597.8  5151.0  7438.5  1550    1
lp__     -845.8     1.0   21.5  -885.8  -846.4  -803.3   500    1
```

Rhat がすべて 1 となりました。n_eff も高い値になっているので、問題なしです。EAP 推定量もシミュレーションで設定した値と近い値になっているようです。これでようやく推定が完了となります。今回のように iter や warmup、thin は試行錯誤的に決めます。chains は 4 で固定して問題ありません。

3-12　ベクトル化による効率的な実装

stan ファイルに記述する model ブロックのコードは、実はもっと簡潔に書くことができます。具体的にはループ構造が不要です。model ブロックのみ示します。

```
model {
  // 状態の初期値から最初の時点の状態が得られる
  mu[1] ~ normal(mu_zero, sqrt(s_w));

  // 状態方程式に従い、状態が遷移する
  mu[2:n_sample] ~ normal(mu[1:(n_sample - 1)], sqrt(s_w));

  // 観測方程式に従い、観測値が得られる
  y ~ normal(mu, sqrt(s_v));
}
```

```
}
```

このような書き方を、ベクトル化と呼びます。

3-13　乱数として得られた多数のパラメタの取り扱い

ここからは、サンプリングされた乱数の取り扱い方を学びます。

一つ一つのパラメタの事後分布は、その事後分布に従う乱数として得られるのでした。生成された乱数は extract 関数を使うことで、取り出すことができます。
rstan::extract とすることで rstan パッケージの extract を使うと厳密に指定ができます。

```
sampling_result <- rstan::extract(fit_stan_2)
```

過程誤差の分散の乱数は、2000 個得られたことがわかります。

```
> length(sampling_result$s_w)
[1] 2000
```

これは、以下の計算で求められます。

```
> iter <- 5000      # 繰り返し数
> warmup <- 2500    # 切り捨て期間
> thin <- 5         # 間引き数
> chains <- 4       # chain 数
> ((iter - warmup)/ thin) * chains
[1] 2000
```

2000 個の乱数が得られたので、これの平均値をとって EAP 推定量を求めることは簡単です。

```
> mean(sampling_result$s_w)
```

```
[1] 948.7116
```

95%区間と中央値を求めます。

```
> quantile(sampling_result$s_w, probs=c(0.025, 0.5, 0.975))
     2.5%       50%     97.5%
  297.2989  827.1390 2272.2630
```

積分などをしなくても、平均値をとったり並び替えて順位をとったりすることで、簡単に要約統計量が得られます。

最後に、事後分布を図示してみましょう。これは乱数のヒストグラムを描けばよいです。

```
ggplot(data.frame(s_w = sampling_result$s_w), aes(x = s_w)) +
  geom_histogram()
```

ggmcmc や bayesplot パッケージを使うことで、より効率的に描画ができることもあります。この本では「サンプリングされた乱数を扱っている」という感覚をつかんでいただくため、一貫して extract 関数の結果を用いるようにします。

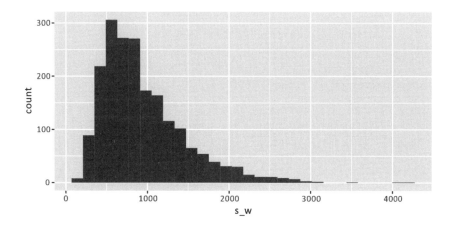

3-14　推定結果の図示

状態の推定値を図示してみましょう。

以下のコードを実行することで、サンプリングされた乱数の一覧を取得できます。

```
sampling_result$mu
```

しかし、この方法だと、100時点の状態が各々2000サンプルずつあることになるので、とても扱いにくいです。

1時点目の状態の乱数だけを取得する場合は以下のコードを実行します。これで2000サンプルだけが抽出できます。

```
sampling_result$mu[, 1]
```

後は、時点ごとに95%区間などを取得していけばよさそうです。

```
quantile(sampling_result$mu[, 1], probs=c(0.025, 0.5, 0.975))
```

上記のコードを100回繰り返すのは効率が悪いので、以下のように実装します。

```
model_mu <- t(apply(
  X = sampling_result$mu,     # 実行対象となるデータ
  MARGIN = 2,                 # 列を対象としてループ
  FUN = quantile,             # 実行対象となる関数
  probs=c(0.025, 0.5, 0.975)  # 上記関数に入れる引数
))
colnames(model_mu) <- c("lwr", "fit", "upr")  # 列名の変更
```

apply関数を用いると、MARGIN = 2とすることで、行列形式のデータを対象として、すべての列ごとに関数を適用することができます。

t関数は、行列の行と列を入れ替える指定です。グラフ描画がしやすくなるように入れ替えました。

ここまで整形できれば、あとはKFASと同じようにしてグラフの描画ができま

す。

なお、ここで描画された実線は「平滑化された状態」であり、網掛けされた区間は「状態の95%信頼区間」と同じ意味を持ちます。

```
# データの整形
stan_df <- cbind(
  data.frame(y = y, time = 1:n_sample),
  as.data.frame(model_mu)
)


# 図示
ggplot(data = stan_df, aes(x = time, y = y)) +
  labs(title="stanによる推定結果") +
  geom_point(alpha = 0.6, size = 0.9) +
  geom_line(aes(y = fit), size = 1.2) +
  geom_ribbon(aes(ymin = lwr, ymax = upr), alpha = 0.3)
```

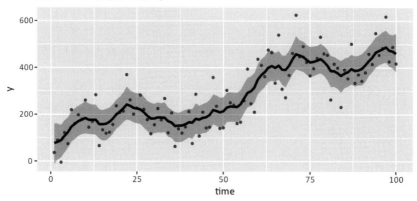

4章　応用：複雑な観測方程式を持つモデル

この章では、正規分布以外の確率分布を使用してモデル化します。

具体的には、ポアソン分布に従う観測値を対象とします。ポアソン分布は個体数や売上個数など、正の整数しかとらないデータに対してしばしば適用される確率分布です。

4-1　この章で使うパッケージ

この章で使う外部パッケージの一覧を載せておきます。この章では断りなくこれらの外部パッケージの関数を使用することがあります。パッケージのインストールはすでに行われているとします。

```
library(rstan)
library(ggplot2)
library(ggfortify)
```

以下のコードを実行しておくと、計算が速くなります。

```
rstan_options(auto_write = TRUE)
options(mc.cores = parallel::detectCores())
```

4-2　テーマ①最適な捕獲頭数を求めたい

今回は、動物の個体数の調査データを対象とします(架空のデータです)。

この動物は放っておくとどんどん数が増えていきます。増えすぎると問題なので、何回か大規模な駆除が行われました。

しかし、この動物は在来種であり、絶滅させるのも忍びないです。

そこで、個体数が増えも減りもしない、ちょうどよい捕獲頭数を計算することを目的として分析します。

4-3　データの特徴

CSV ファイルに保存されているデータを読み込みます。

```
> data_file <- read.csv("6-4-animal_catch_data.csv")
> head(data_file, n = 3)
  time  y catch_y
1 1911 25       0
2 1912 41       0
3 1913 31       0
```

1年に1回、生物の個体数 y と捕獲数 catch_y を記録したデータです。100年間のデータがあります。

ts 型に変換したうえで図示します。

```
# ts 型に変換
data_ts <- ts(data_file[, -1], start = 1911, frequency = 1)
# 図示
autoplot(data_ts)
```

大規模な駆除は、3回に分けて実施されました。駆除が行われている間は個体数が減少しているようです。駆除は子供を持つ親に対して行われているため、個体数の増加トレンドを抑えることができているようです。

個体数のデータは、「増加トレンド〜大規模な駆除」を繰り返すことが原因の大きな変化に加えて、細かいノイズが多くあることが見て取れます。

これは調査方法に問題があります。個体数を調べるときには遠くから双眼鏡などを用いて調べるのですが、場所が悪かったり、調査者によって計測能力にムラがあったりと、計測値にノイズが大きく入ってしまうようです。

もちろんこの仮定は著者がすべて想像(妄想？)で作り上げたものですが、現実のデータに対しても、調査者へのヒアリングなどを通してデータの特徴を整理しなくてはなりません。

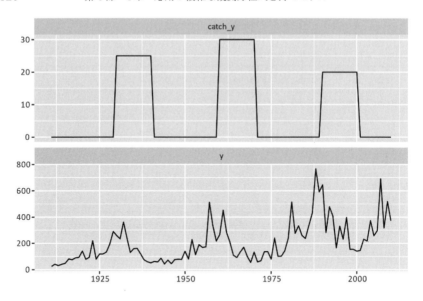

4-4 モデルの構造を決める

まずはモデルの構造を決めましょう。放っておくと個体数が増えていくということは、トレンドのあるモデルを構築するべきです。

捕獲しない限り、個体数がずっと増え続けているので、上昇トレンドの大きさは一定と仮定します。

ただし、駆除されると上昇トレンドが下降トレンドに変化します。変化の大きさは駆除された個体数によって変わるはずです。

というわけで、まずはローカル線形トレンドモデルを改造した、以下のモデルを想定してみます。

$$\delta_t = Trend - Coef_{Catch} \times Catch_t$$
$$\mu_t = \mu_{t-1} + \delta_{t-1} + w_t, \quad w_t \sim N(0, \sigma_w^2) \quad (6\text{-}18)$$
$$y_t = \mu_t + v_t, \quad v_t \sim N(0, \sigma_v^2)$$

δ_t は t 時点のトレンドです。

$Trend$ は上昇トレンドの大きさです(時点によらず一定)。

$Coef_{Catch}$ は捕獲数がトレンドに与える影響を表す係数です(時点によらず一定)。

$Catch_t$ は t 時点の捕獲数です。
μ_t は t 時点の個体数の水準値(状態)です。
y_t は t 時点の観測された個体数です。
w_t, v_t は各々 t 時点の過程誤差と観測誤差です。

4-5　ポアソン分布+ランダムエフェクト

観測値 y_t がポアソン分布に従っていると仮定して、先ほどの状態方程式・観測方程式を変更してみましょう。

$$\begin{aligned}
\delta_t &= Trend - Coef_{Catch} \times Catch_t \\
\mu_t &= \mu_{t-1} + \delta_{t-1} + w_t, \quad w_t \sim N(0, \sigma_w^2) \\
\lambda_t &= \exp(\mu_t) \\
y_t &\sim \text{Poisson}(\lambda_t)
\end{aligned} \tag{6-19}$$

参考までにポアソン分布の確率密度関数を示します。

$$\text{Poisson}(y|\lambda) = \frac{\lambda^y \exp(-\lambda)}{y!} \tag{6-20}$$

ポアソン分布は期待値も分散も一つのパラメタ λ で表されます。λ として $\exp(\mu_t)$ を指定しました。これは、ポアソン分布に従う値が負になることが無い(個体数がマイナスになることはない)ためです。

これで良しとするのも一つですが、データに大きなノイズが見られたのが気になります。そこで、観測誤差をさらに追加します。

$$\begin{aligned}
\delta_t &= Trend - Coef_{Catch} \times Catch_t \\
\mu_t &= \mu_{t-1} + \delta_{t-1} + w_t, \quad w_t \sim N(0, \sigma_w^2) \\
\mu\_noise_t &= \mu_t + v_t, \quad v_t \sim N(0, \sigma_v^2) \\
\lambda_t &= \exp(\mu\_noise_t) \\
y_t &\sim \text{Poisson}(\lambda_t)
\end{aligned} \tag{6-21}$$

μ_noise_t は t 時点の観測誤差の加わった個体数の水準値です。
これで観測誤差を認めつつ、観測値がポアソン分布に従うモデルを作成することができました。

最後、水準値に観測誤差を組み込みましたが、これは一般化線形混合モデル (Generalized Linear Mixed Models：GLMM) においてランダムエフェクトなどと呼ばれる項と同じ意味を持ちます。

ポアソン分布は期待値と分散が等しくなります。言い換えると「期待値が決まると分散が自動的に定まってしまう」ということです。分散を別途増やしたい場合はこのようなモデル化が必要です。

この式もやはり「ノイズが加わる」という表現形式ではなく「何らかの確率分布に従う」という形式で表現したほうが、Stan でのコーディングとの対応がつかみやすくなります。

$$\begin{aligned}
\delta_t &= Trend - Coef_{Catch} \times Catch_t \\
\mu_t &\sim N(\mu_{t-1} + \delta_{t-1}, \sigma_w^2) \\
\mu\_noise_t &\sim N(\mu_t, \sigma_v^2) \\
\lambda_t &= \exp(\mu\_noise_t) \\
y_t &\sim Poisson(\lambda_t)
\end{aligned} \quad (6\text{-}22)$$

4-6　stan ファイルの記述

3 章と同じように stan ファイルにモデルの構造を指定していきます。

しかし、今回は data、parameters、model ブロックに追加して、以下の 2 つのブロックを指定します。

■transformed parameters ブロック

式(6-22)には、イコール記号とチルダ記号が混じっていますね。チルダ記号は「右辺の確率分布に従う」という意味であり、model ブロックで指定することは 3 章で説明済みです。

一方のイコール記号でつながった式は、単なる「パラメタの変換」にすぎません。こういったものは transformed parameters ブロックに記述します。

ランダム性のあるものは model ブロックに、ないものは transformed parameters ブロックに記載すると覚えておくと良いです。

■generated quantities ブロック

今回は「個体数が増えも減りもしない捕獲数」を計算することが目的でした。そういった「モデルを推定するだけならば不要(状態方程式・観測方程式には現れない)だが、別の目的で推定したい値」は generated quantities ブロックに記述をします。

今回は観測誤差が大きいという課題もありました。そこで「観測誤差がなかったと仮定したときの水準値」も併せて計算してみます。データが平滑化され、個体群の増減の様子がより明瞭となるはずです。

これらをまとめて『6-4-count-model.stan』ファイルに記述します。可読性をよくするため、ベクトル化は行っていません。

4−7　data ブロックの指定

data ブロックには、サンプルサイズ、観測値に加えて、捕獲数を指定します。観測値や捕獲数は整数値であることに注意します(int 型になります)。

```
data {
  int n_sample;           // サンプルサイズ
  int catch_y[n_sample];  // 捕獲数
  int y[n_sample];        // 観測値
}
```

4−8　parameters ブロックの指定

parameters ブロックには、推定すべき状態・パラメタの一覧を指定します。

```
parameters {
  real trend;             // 個体数増加トレンド
  real coef_catch_y;      // 捕獲数がトレンドに与える影響
  real mu_zero;           // 状態の初期値
  real mu[n_sample];      // 状態の推定値
}
```

```
    real mu_noise[n_sample]; // 観測誤差の入った状態の推定値
    real<lower=0> s_w;        // 過程誤差の分散
    real<lower=0> s_v;        // 観測誤差の分散
}
```

4-9 transformed parameters ブロックの指定

続いて、パラメタの変換ブロックです。式(6-22)における δ_t と λ_t を指定します。

```
transformed parameters{
    real delta[n_sample];    // 捕獲の影響が入ったトレンド
    real lambda[n_sample];   // ポアソン分布の期待値

    for(i in 1:n_sample){
        delta[i] = trend - coef_catch_y * catch_y[i];
    }

    for(i in 1:n_sample){
        lambda[i] = exp(mu_noise[i]);
    }
}
```

4-10 model ブロックの指定

model ブロックでは、μ_t, μ_noise_t, y_t を記述します。

```
model {
    // 状態の初期値から最初の時点の状態が得られる
    mu[1] ~ normal(mu_zero, sqrt(s_w));
```

```
  // 状態方程式に従い、状態が遷移する
  for (i in 2:n_sample){
    mu[i] ~ normal(mu[i - 1] + delta[i - 1], sqrt(s_w));
  }


  // 観測誤差が加わる
  for(i in 1:n_sample){
    mu_noise[i] ~ normal(mu[i], sqrt(s_v));
  }


  // ポアソン分布に従って観測値が得られる
  for(i in 1:n_sample){
    y[i] ~ poisson(lambda[i]);
  }
}
```

4-11 generated quantities ブロックの指定

観測誤差の無い個体数の期待値は、観測誤差が加わる前の μ_t の EXP をとればよいです。また、増減のトレンドが 0 になる捕獲量は、$Trend/Coef_{Catch}$ になることが式(6-22)からわかります。

```
generated quantities{
  real lambda_smooth[n_sample];    // 観測誤差の無い、個体数の期待値
  real best_catch_y;               // 個体数の増減がない捕獲量


  for(i in 1:n_sample){
```

```
    lambda_smooth[i] = exp(mu[i]);
  }


  best_catch_y = trend / coef_catch_y;
}
```

4-12 stanによるモデルの推定

モデルの構造を指定するファイルができたので、モデルの推定に移ります。

```
# データの準備
data_stan <- list(
  y = data_file$y,
  catch_y = data_file$catch_y,
  n_sample = nrow(data_file)
)
# モデルの推定
fit_stan_count <- stan(
  file = "6-4-count-model.stan",
  data = data_stan,
  iter = 8000,
  thin = 10,
  chains = 4,
  seed = 1
)
```

4-13 推定されたパラメタの確認

出力結果は省略しますが、$\hat{R}$ はすべて 1.1 未満となっています。

```
options(max.print=100000)
print(fit_stan_count, probs = c(0.025, 0.5, 0.975), digits = 1)
```

最適な捕獲数や、駆除がもたらす影響を確認してみます。

```
> print(
+   fit_stan_count,
+   digits = 2,
+   probs = c(0.025, 0.5, 0.975),
+   pars = c("trend", "coef_catch_y", "best_catch_y")
+ )
                mean se_mean   sd  2.5%   50% 97.5% n_eff Rhat
trend           0.11    0.00 0.02  0.08  0.11  0.14  1595    1
coef_catch_y    0.01    0.00 0.00  0.01  0.01  0.01  1394    1
best_catch_y   11.30    0.03 1.31  8.81 11.28 14.06  1600    1
```

best_catch_y を見ると、毎年およそ 11 頭を捕獲すると、個体数を安定させることができるようです。とはいえ 95%区間はおよそ 9〜14 となっているので、この間で柔軟に変化させた方がよいかもしれません。

4-14 平滑化された個体数の図示

最後に、平滑化された個体数を図示します。図示の方法は3章と全く同様です。
まずは観測誤差を取り除いた状態の、95%区間と中央値を抽出します。

```
sampling_result <- rstan::extract(fit_stan_count)
model_lambda_smooth <- t(apply(
  X = sampling_result$lambda_smooth,
  MARGIN = 2,
```

```
  FUN = quantile,
  probs=c(0.025, 0.5, 0.975)
))
colnames(model_lambda_smooth) <- c("lwr", "fit", "upr")
```

整形したのち ggplot 関数を用いて図示します。

```
# データの整形
stan_df <- cbind(
  data.frame(y = data_file$y, time = data_file$time),
  as.data.frame(model_lambda_smooth)
)
# 図示
ggplot(data = stan_df, aes(x = time, y = y)) +
  labs(title="観測誤差を取り除いた個体数の変動") +
  geom_point(alpha = 0.6, size = 0.9) +
  geom_line(aes(y = fit), size = 1.2) +
  geom_ribbon(aes(ymin = lwr, ymax = upr), alpha = 0.3)
```

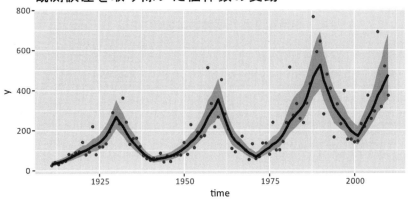

4-15　検討事項

　今回は著者が作ったシミュレーションデータを分析したので、とてもきれいに分析ができました。著者はデータ生成過程という答えを知っているので、正確にモデル化できています。
　しかし、実際は答えのない問題に取り組むことになります。
　今回のデータでも以下の点などを検討する必要があるでしょう。

- 駆除数はトレンドではなく水準値そのものに影響を及ぼすのではないか
  - この場合は、最適駆除数は一定ではなく、現在の個体数にあわせて変化させる必要があります。
  - トレンドと水準の両方に影響を及ぼしているかもしれません
- 放っておけば無限に増殖するという前提で増加トレンドを指定していたが、その前提は正しいか
  - ローカル線形トレンドモデルのように変化するトレンドを検討します
  - 密度効果などを検討すべきこともあります。これは次章で扱います

　また、今回は100年間もの調査データがあるという極めて恵まれた環境で分析を行いました。実際はもっと期間が短いでしょうし、捕獲数データも記録されていないかもしれません。
　そうなったときは「手持ちのデータで、どこまでならば考察ができるか」を、調査や分析にかかわる人たちとあらかじめ共有しておく必要があります。
　乏しいデータで無理やり分析すると、オーバーディスカッションにつながることもありますし、誤った意思決定を招いてしまうかもしれません。
　調査者・分析者・意思決定者が異なることもしばしばあります。このような場合は特に、分析の目的を絞って、それを互いに共有しておくことが重要です。

5章　応用：非線形な状態方程式を持つモデル

最終章として、非線形な状態遷移をするモデルを推定します。
モデルとしてはやや高度なものとなりますが、推定の方法などは今までと大きくは変わりません。

5-1　この章で使うパッケージ

この章で使う外部パッケージの一覧を載せておきます。この章では断りなくこれらの外部パッケージの関数を使用することがあります。パッケージのインストールはすでに行われているとします。

```
library(rstan)
library(ggplot2)
library(ggfortify)
```

以下のコードを実行しておくと、計算が速くなります。

```
rstan_options(auto_write = TRUE)
options(mc.cores = parallel::detectCores())
```

5-2　テーマ②密度効果をモデル化する

この章のテーマは密度効果です。

生物の個体数は、ある一定の量で頭打ちになることがしばしばあります。これは例えば個体数が増えすぎると餌がなくなってしまったり、糞などのせいで環境が悪化したり、といったことが理由となります。

個体数が増えすぎると、自動的に増加にストップがかかる。このような効果を負の密度効果と呼びます。

密度効果は数理生態学などで研究されています。そこで得られた知見を、データ分析にも活用しよう、というのが今回のテーマです。

生物に限らず、ビジネスでもマーケティング研究において発見された知見をデータ分析に活かしたいというニーズは出てくることがあるかと思います。そうい

った用途でも、一般化状態空間モデルは有効な方法となりえます。

ただし、複雑なモデルを推定する場合は、モデルの推定が難しくなることもしばしばです。この章では弱情報事前分布という、パラメタ推定の収束をよくするコツも説明します。

5-3　データの特徴

CSV ファイルに保存されているデータを読み込みます。

```
> data_file <- read.csv("6-5-logistic-growth-data.csv")
> head(data_file, n = 3)
  time  y
1 1961 18
2 1962 17
3 1963 14
```

1年に1回、生物の個体数 y を記録した架空のデータです。50年間のデータがあります。

ts 型に変換したうえで図示します。

```
# ts 型に変換
data_ts <- ts(data_file[, -1], start = 1961, frequency = 1)
# 図示
autoplot(data_ts)
```

右肩上がりのトレンドがあるようにも見えますし、およそ個体数 400 ほどで安定しているようにも見えます。

シミュレーションデータを作成した際、過程誤差を組み込みました。そのため、一見すると密度効果があるのかわかり難いグラフとなっています。

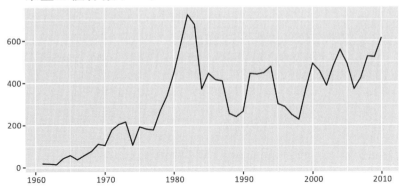

架空の個体数データ

5-4 ロジスティック増殖曲線

離散時間のロジスティック増殖曲線は以下のように定式化されます。

$$N_t = N_{t-1} + rN_{t-1}\left(1 - \frac{N_{t-1}}{K}\right) \tag{6-23}$$

ただしN_tはt時点の生物の個体数です。
rは内的自然増加率と呼ばれます。
Kは環境収容力と呼ばれます。
ロジスティック増殖曲線は個体群生態学では標準的なモデルです。

ここで重要なところは、ロジスティック増殖曲線は「生態学の理論に基づいて考えられたモデル」であるということです。ある特定のデータに対してよくフィットする計算式を考えたというのとは大きく違います。

理論上、生物の個体数はこのような式に従って変化するはずだ、という過去の知見があって、その知見を実際のデータに対して適用してみよう、ということですね。

式(6-23)のような形式を差分方程式と呼びます。時間を経るにつれ、どのように個体数が変化していくかを見る際に便利な形式です。

この式の意味するところを説明します。

$N_t = N_{t-1}$ならば、前年の個体数と変化なし、ということになります。

$N_t = N_{t-1} + rN_{t-1}$ならば、一定の増加率(内的自然増加率)で個体が増えていくことがわかります。$r = 0.1$ならば、毎年10%ずつ個体が増えていくということですね。これだと無限に個体が増えていくことになります。

増えすぎるとストップがかかる。じゃあストップがかからない最大の個体数はどれほどか。これを決めるのが環境収容力Kです。

前年個体数が環境収容力を上回り、$N_{t-1} > K$となると、$rN_{t-1}(1 - N_{t-1}/K) < 0$となります。すなわち、前年よりも個体数が減るわけですね。

個体数が増えれば増えるほど、負の密度効果が働いて、増加率が減少していく。これを表現したものがロジスティック増殖曲線です。

ロジスティック増殖曲線を使って、データを状態方程式・観測方程式で表してみましょう。式(6-23)に過程誤差が加わるとしてモデル化します。

$$\begin{aligned} &\mu_t = \mu_{t-1} + r\mu_{t-1}\left(1 - \frac{\mu_{t-1}}{K}\right) + w_t, \quad w_t \sim N(0, \sigma_w^2) \\ &\lambda_t = \exp(\mu_t) \\ &y_t \sim \text{Poisson}(\lambda_t) \end{aligned} \quad (6\text{-}24)$$

「ノイズが加わる」という表現形式ではなく「何らかの確率分布に従う」という形式で表現すると以下のようになります。

$$\begin{aligned} &\mu_t \sim N\left(\mu_{t-1} + r\mu_{t-1}\left(1 - \frac{\mu_{t-1}}{K}\right), \sigma_w^2\right) \\ &\lambda_t = \exp(\mu_t) \\ &y_t \sim \text{Poisson}(\lambda_t) \end{aligned} \quad (6\text{-}25)$$

5−5　弱情報事前分布

少ないデータで複雑なモデルを推定すると、パラメタがうまく収束しないことがあります。

そのようなときは弱情報事前分布を使うと収束が良くなることがあります。

事前分布としては、幅の広い無情報事前分布を使うと2章で説明しました。し

かし、無情報事前分布だと情報が不足してパラメタの収束が悪くなることがあります。そこで「パラメタはこのくらいに収まるのではないか」という範囲を指定する方法が弱情報事前分布です。

今回は環境収容力Kに弱情報事前分布を適用します(内的自然増加率に適用することも考えられます)。問題は範囲ですが、およそ 4〜10 としておきました。

```
> # K の最大値
> exp(10)
[1] 22026.47
> # データの最大値
> max(data_file$y)
[1] 723
```

環境収容力が 10 だったときには、個体数の上限値はおよそ 22000 となります。データの最大値の 3 倍ほどなので、これくらいかなということで設定しました。ここを変な値にすると、逆に収束がとても悪くなります。

弱情報事前分布として以下のように指定しました。

$$K \sim N(7, 3) \tag{6-26}$$

こうしておくと、1シグマ区間が 4〜10 となります。

厳密に範囲を指定するのではなく、想定された最大・最小値よりも幅が広くなることも許しています。

5-6　data ブロックの指定

今までの内容を基にして stan ファイルを作成します。『6-5-logistic-growth-model.stan』という名称で保存しておきます。

data ブロックには、サンプルサイズ、観測値を指定します。

```
data {
  int n_sample;           // サンプルサイズ
```

```
    int y[n_sample];         // 観測値
}
```

5-7　parameters ブロックの指定

parameters ブロックには、推定すべき状態・パラメタの一覧を指定します。

```
parameters {
  real<lower=0> r;          // 内的自然増加率
  real<lower=0> K;          // 環境収容力
  real mu_zero;             // 状態の初期値
  real mu[n_sample];        // 状態の推定値
  real<lower=0> s_w;        // 過程誤差の分散
}
```

5-8　transformed parameters ブロックの指定

続いて、パラメタの変換ブロックです。式(6-25)における λ_t を指定します。

```
transformed parameters{
  real<lower=0> lambda[n_sample];    // ポアソン分布の期待値

  for(i in 1:n_sample){
    lambda[i] = exp(mu[i]);
  }
}
```

5-9　model ブロックの指定

model ブロックでは、μ_t, y_t を記述します。弱情報事前分布もここに指定します。

```
model {
  // 状態の初期値から最初の時点の状態が得られる
  mu[1] ~ normal(mu_zero, sqrt(s_w));

  // 状態方程式に従い、状態が遷移する
  for (i in 2:n_sample){
    mu[i] ~ normal(mu[i-1] + r*mu[i-1]*(1 - mu[i-1]/K), sqrt(s_w));
  }

  // ポアソン分布に従って観測値が得られる
  for(i in 1:n_sample){
    y[i] ~ poisson(lambda[i]);
  }

  // 弱情報事前分布。K はおよそ 4～10 の範囲を想定。
  K ~ normal(7, 3);
}
```

5-10　generated quantities ブロックの指定

もしも過程誤差がなかったならば、どのように個体数が変化していくのかを調べてみます。過程誤差がない個体数の期待値の変化をここに記述します。

```
generated quantities{
  real mu_smooth[n_sample];       // 過程誤差の無い、状態の推定値
  real lambda_smooth[n_sample];   // 過程誤差の無い、個体数の期待値

  mu_smooth[1] = mu_zero;
```

```
  for (i in 2:(n_sample)){
    mu_smooth[i] = mu_smooth[i-1]+r*mu_smooth[i-1]*(1-mu_smooth[i-1]/K);
  }

  for(i in 1:(n_sample)){
    lambda_smooth[i] = exp(mu_smooth[i]);
  }
}
```

5-11 stan によるモデルの推定

モデルの構造を指定するファイルができたので、乱数生成に移ります。

```
# データの準備
data_stan <- list(
  y = data_file$y,
  n_sample = nrow(data_file)
)
# モデルの推定
fit_stan_growth <- stan(
  file = "6-5-logistic-growth-model.stan",
  data = data_stan,
  iter = 5000,
  thin = 5,
  chains = 4,
  seed = 1
)
```

5-12 推定されたパラメタの確認

出力結果は省略しますが、$\hat{R}$ はすべて 1.1 未満となっています。

```
options(max.print=100000)
print(fit_stan_growth, probs = c(0.025, 0.5, 0.975), digits = 1)
```

内的自然増加率や環境収容力の大きさを確認してみます。

```
> print(
+   fit_stan_growth,
+   digits = 2,
+   probs = c(0.025, 0.5, 0.975),
+   pars = c("r", "K")
+ )
     mean se_mean   sd 2.5%  50% 97.5% n_eff Rhat
r 0.17    0.00 0.06 0.04 0.17  0.29  1844    1
K 6.25    0.02 0.70 5.59 6.10  8.19  1543    1
```

個体数の理論的な上限値を求めてみます。

```
> sampling_result <- rstan::extract(fit_stan_growth)
> exp(quantile(sampling_result$K, probs = c(0.1, 0.5, 0.9)))
      10%      50%      90%
323.1625 445.2158 855.8638
```

データの最大値が 723 でしたので、すでに飽和状態にあるとみなしても支障なさそうです。

5-13 平滑化された個体数の図示

最後に、過程誤差がないことを想定した理論上の個体群増加曲線を描いてみます。今回は推定値の中央値のみを用います。中央値を求める関数は median です。

```
model_lambda_smooth <- apply(
  X = sampling_result$lambda_smooth,
  MARGIN = 2,
  FUN = median
)
```

図示します。

```
# データの整形
stan_df <- data.frame(
  y = data_file$y,
  fit = model_lambda_smooth,
  time = data_file$time
)
# 図示
ggplot(data = stan_df, aes(x = time, y = y)) +
  labs(title="誤差を取り除いた個体数の変動") +
  geom_line() +
  geom_line(aes(y = fit), size = 1.2)
```

図示をすると、密度効果の影響がよくわかります。

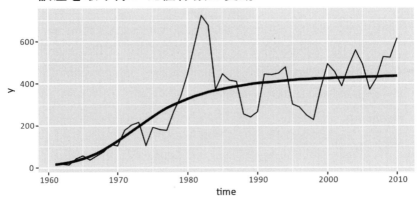

5-14　Stanで推定できる様々なモデルたち

　ロジスティック増殖曲線以外にも、様々なモデルが提案されています。状態空間モデルとの対応という点では深谷(2016)が詳しいです。ロジスティックではなくゴンペルツ増殖曲線などが紹介されています。

　また、第3部で紹介したGARCHモデルなどもStanで推定することが可能です。詳しくはStanのリファレンス(日本語版なら[https://github.com/stan-ja/stan-ja])を参照してください。URLが変更されていても『Stanマニュアル　日本語』などで検索すると、日本語に翻訳されたリファレンスがみられるはずです。
　Stanを用いてARMAモデルやGARCHモデルを推定する方法についての記載もあります。

　このように書くと誤解を生むかもしれませんが、GARCHやARIMAあるいはローカル線形トレンドモデルやロジスティック増殖曲線といった「特定のモデルを表す名称」を覚えることにはあまり意味が無いのではないかと思っています。
　重要なことは、データを表現できる構造を考える能力だと思います。
　例えば、ロジスティック増殖曲線のモデルにおいて、過程誤差にGARCHのような分散不均一な構造を組み込むこともできるかもしれません。生物学的・社会学的知見あるいは有識者の知識や経験から「その構造を組み込むべき理由」が得

5-14 Stan で推定できる様々なモデルたち

られた時に、私たちはそれを達成する手段を持っているということです。オリジナルの分析モデルを構築するということは、これから普通の行為になってくるのではないかと思っています。

　知っているか知っていないか、という知識。コードを書けるか書けないか、という技術。こういったものを重要視するのは、個人的にあまり好きではありません。
　自己相関や定常過程という言葉を知っているかどうか。
　状態空間モデルという分析のフレームワークを理解しているかどうか。
　KFAS や Stan の使い方に習熟しているか否か。
　最初はこういったところがハードルとなり分析が進まないこともあるかと思います。しかし、そういった問題は、時間をかけて勉強したり周囲と協力したりすることにより、次第に解決していくものです。

　手持ちのデータは、何らかのデータ生成過程に従い発生している。
　データ生成過程には何らかの構造があり、私たちは任意の関数でその構造を近似することができる。
　じゃあその構造とは何か。どうやって近似したらいいか。
　これを考えるのが、データ分析なのだと思います。
　この問題に注力したいがために、R や Stan のコードを書いている。
　この主従関係を忘れずに、分析を進めていただければ幸いです。

参考文献

テーマ別に書籍名を載せているため、一部重複があります。
「次に読む本」としておすすめできるものには「◎」の印をつけています。

第 1 部 時系列分析の考え方
[1] ◎沖本竜義. (2010). 経済・ファイナンスデータの計量時系列分析. 朝倉書店
[2] ◎北川源四郎. (2005). 時系列解析入門. 岩波書店
[3] 田中孝文. (2008). R による時系列分析入門. シーエーピー出版

第 2 部 Box-Jenkins 法とその周辺
理論面
[1] Kwiatkowski, Denis, Peter C. B. Phillips, Peter Schmidt, and Yongcheol Shin. (1992). Testing the Null Hypothesis of Stationarity against the Alternative of a Unit Root. Journal of Econometrics, Vol. 54, pp. 159–178.
[2] Rob J Hyndman, Yeasmin Khandakar. (2008). Automatic time series forecasting: the forecast package for R. Journal of Statistical Software. Vol.27 (3)
[3] ◎有田帝馬. (2012). 入門 季節調整. 東洋経済新報社
[4] 沖本竜義. (2010). 経済・ファイナンスデータの計量時系列分析. 朝倉書店
[5] 北川源四郎. (2005). 時系列解析入門. 岩波書店
[6] クライブ W.J.グレンジャー. (1994). 経営・経済予測入門(宜名真勇, 馬場喜久 訳). 有斐閣

実装面
[1] ◎Jared P. Lander. (2015). みんなの R データ分析と統計解析の新しい教科書 (高柳慎一・牧山幸史・簑田高志 訳). マイナビ
[2] 田中孝文. (2008). R による時系列分析入門. シーエーピー出版
[3] ◎福地純一郎・伊藤有希. (2011). R による計量経済分析. 朝倉書店

第 3 部 時系列分析のその他のトピック
理論面
[1] 沖本竜義. (2010). 経済・ファイナンスデータの計量時系列分析. 朝倉書店
[2] 蓑谷千凰彦. (1997). 計量経済学(第 3 版). 東洋経済新報社
実装面
[1] Jared P. Lander. (2015). みんなの R データ分析と統計解析の新しい教科書 高柳慎一・牧山幸史・簑田高志 訳). マイナビ
[2] 福地純一郎・伊藤有希. (2011). R による計量経済分析. 朝倉書店

第 4 部 状態空間モデルとは何か
[1] ◎岩波データサイエンス刊行委員会. (2017). 岩波データサイエンス vol.6. 岩波書店

第 5 部 状態空間モデルとカルマンフィルタ
理論面
[1] J.J.F.コマンダー・S.J.クープマン. (2008). 状態空間時系列分析入門(和合肇 訳). シーエーピー出版
[2] 岩波データサイエンス刊行委員会. (2017). 岩波データサイエンス vol.6. 岩波書店

[3] 北川源四郎．(2005)．時系列解析入門．岩波書店
[4] ◎野村俊一．(2016)．カルマンフィルタ―Rを使った時系列予測と状態空間モデル―．共立出版

実装面
[1] 岩波データサイエンス刊行委員会．(2017)．岩波データサイエンス vol.6．岩波書店
[2] 野村俊一．(2016)．カルマンフィルタ―Rを使った時系列予測と状態空間モデル―．共立出版

第6部 状態空間モデルとベイズ推論
理論面
[1] ◎John K.Kruschke．(2017)．ベイズ統計モデリング―R, JAGS, Stanによるチュートリアル―[原著第2版](前田和寛・小杉考司 監訳)．共立出版
[2] ◎久保拓哉．(2012)．データ解析のための統計モデリング入門― 一般化線形モデル・階層ベイズモデル・MCMC．岩波書店
[3] ◎豊田秀樹．(2015)．基礎からのベイズ統計学―ハミルトニアンモンテカルロ法による実践的入門―．朝倉書店
[4] 深谷肇一．(2016)．状態空間モデルによる時系列解析とその生態学への応用．日本生態学会誌．Vol. 66, pp. 375-389

実装面
[1] ◎岩波データサイエンス刊行委員会．(2015)．岩波データサイエンス vol.1．岩波書店
[2] ◎松浦健太郎．(2016)．StanとRでベイズ統計モデリング．共立出版

パッケージ・R 関数一覧

この本で使われた主なパッケージや R 言語の関数の一覧を、その用途別にまとめました。[ ]で囲まれている部分が該当するページ番号です。

重要項目は大項目とし、派生項目を「・」記号以下で記しました。

「－」記号は詳細を示しています。

著者のページ https://logics-of-blue.com/ も合わせてご参照ください。

【この本で使われたパッケージ】

xts 0.10.0
　　拡張された時系列データ型
fpp 0.5
　　様々な時系列データが格納されている
urca 1.3.0
　　単位根検定を実行する
lmtest 0.9.35
　　回帰モデルにおける各種検定を行う
tseries 0.10.42
　　残差の正規性の検定やダービンワトソン検定の関数など
prais 0.1.1
　　prais-winsten 法による GLS の実行
forecast 8.2
　　予測モデルの構築と評価
vars 1.5.2
　　VAR モデルの構築
fGARCH 3042.83
　　GARCH モデルの構築。構築できるモデルの種類は少ない
rugarch 1.3.8
　　GARCH モデルの構築。様々なモデルに対応
dlm 1.1.4
　　カルマンフィルタを用いた線形ガウス状態空間モデルの推定
KFAS 1.3.0
　　散漫カルマンフィルタを用いた線形ガウス状態空間モデルの推定
rstan 2.16.2
　　R から Stan を実行する

【Rstudio のショートカット】

新しい R ファイルの作成
　　Ctrl ＋ Shift ＋ N
コードの実行(選択範囲 or カーソル行)
　　Ctrl ＋ Enter
エディタの保存
　　Ctrl ＋ S
コメントアウト
　　Ctrl ＋ Shift ＋ C
コードの補完
　　Ctrl ＋ スペース(Tab キー)
セクションで区切る
　　Ctrl＋ Shift＋ R(「-」を 4 つ以上)
セクションの移動
　　Alt＋ Shift＋ J

【基本的な演算・用法】

四則演算　＋ － ＊ ／　[74]
比較演算子　＜　[129]
変数の定義　<-　[75]
関数の定義　function　[76]
ヘルプ　?　[76]
クラス名　class　[78]
コメント　#　[74]
欠損値　NA　[242]
CSV ファイルの読み込み　read.csv( )　[90]
　・ファイルをダイアログで選択
　　read.csv(file.choose())　[91]
　・Excel からコピー＆ペースト
　　read.delim("clipboard")　[91]
特性方程式の解を求める　polyroot　[108]
累積和をとる　cumsum( )　[121]
繰り返し構文　for　[128]
左辺が右辺を含むなら TRUE　%in%　[274]
四分位点の取得　quantile( )　[314]

【基本的なデータ構造】
ベクトル c( ) [77]
　－要素の抽出 [ ] [77]
　・等差数列 : [77]
行列 matrix( ) [78]
　－行数の指定 nrow [78]
　－列数の指定 ncol [78]
　－横方向にデータを格納
　　byrow=T [79]
　－要素の抽出 [行番号,列番号] [79]
　－行・列名の指定
　　dimnames = list(c(rownames),
　　c(colnames)) [80]
　・matrix型に変換 as.matrix( ) [82]
データフレーム data.frame( ) [80]
　－列の抽出 $列名 [81]
　－要素の抽出 [行番号,列番号] [81]
　・列数を得る ncol( ) [81]
　・行数を得る nrow( ) [81]
　・data.frame型に変換
　　as.data.frame( ) [82]
リスト list( ) [83]
　・要素の抽出 $ [83]
　・添え字を使った抽出
　　[[要素番号]] [84]

【時系列データの処理】
標準の時系列型 ts [85]
　－ts型の作成(引数にdata.frame指定
　　が可能) [85]
　－多変量時系列データの抽出
　　[行名,列名] [87]
　・特定の期間の抽出 window(データ,
　　start, end) [86,103]
　・特定の月の抽出
　　forecast::subset(データ,
　　month) [87]
　・頻度の取得 frequency( ) [100]
拡張された時系列型 xts(xtsパッケージ
使用) [88]
　－xts型の作成 [88]
　－データフレームを引数にする [91]
　－データの抽出
　　－日付指定 xts["日付"] [89]
　　－日付以降 xts["日付::"] [89]
　　－範囲指定 xts["日付::日付"] [89]
差分をとる階数を調べる
　　forecast::ndiffs() [94]
対数系列の作成 log( ) [95]
ラグをとる lag( ) [98]
差分をとる diff( ) [98]
ts型データの季節階差をとる diff(デー
タ, lag=frequency(データ)) [100]
自己相関係数 acf( ) [102]
偏自己相関係数 pacf( ) [102]
相互相関係数 ccf( ) [150]
平均値 mean( ) [112]
最初の時点を取得 head( ) [87]
最後の時点を取得 tail( ) [112]
祝日判定 Nippon::is.jholiday( ) [273]
曜日の取得 weekdays( ) [273]

【モデル化】
ARIMAモデル(forecastパッケージ使用)
- 次数指定でモデル推定 Arima( ) [103,171]
- 自動モデル選択 auto.arima( ) [106,265]
- 残差の取得 resid( ) [110]
- 予測 forecast( ) [111]

線形回帰モデルの推定 lm( ) [119]
FGLSの推定 prais::prais.winsten( ) [136]

VARモデル(varsパッケージ使用)
- 次数の決定 VARselect( ) [151]
- モデルの推定 VAR( ) [152]
- 予測 predict( ) [155]
- Granger因果性検定 causality( ) [156]
- インパルス応答関数 irf( ) [158]
- 分散分解 fevd( ) [159]

GARCHモデル(fGarchパッケージ使用)
- モデルの推定 garchFit( ) [169]

GARCHモデル(rugarchパッケージ使用)
- 次数の設定 ugarchspec( ) [169]
- モデルの推定 ugarchfit( ) [170]
- 残差の取得 resid( ) [174]
- 分散の取得 sigma( ) [177]
- 予測 ugarchboot( ) [177]
- ARMA-GARCHの推定 [172]
- GJRモデルの推定 [175]

状態空間モデル(dlmパッケージ使用)
- トレンドモデルの作成 dlmModPoly( ) [235]
- パラメタの推定 dlmMLE( ) [235]
- フィルタリング dlmFilter( ) [235]
- 平滑化 dlmSmooth( ) [235]

状態空間モデル(KFASパッケージ使用)
- モデルの構造の指定 SSModel( ) [240,242]
- フィルタリングと平滑化 KFS( ) [240,243]
- 対数尤度の取得 logLik( ) [240]
- ローカルレベルモデルの推定 SSMtrend(degree=1) [242]
- ローカル線形トレンドモデルの推定 SSMtrend(degree=2) [257]
- 時変係数モデルの推定 SSMregression( ) [268]
- 周期成分の推定 SSMseasonal( ) [274]
- 外生変数(係数固定)の追加 [274]
- 推定されたパラメタの取得 [245]
- 予測と補間 predict( ) [247,262,269,276,278]

状態空間モデル(rstanパッケージ使用)
- HMC法によるサンプリングの実施 stan( ) [307,326,337]
- 結果の出力 print( ) [310,327,338]
- トレースプロット traceplot( ) [311]
- 乱数の取得 extract( ) [314,327,338]
- 状態の推定値の95%区間の取得 [316,327]
- コンパイル結果の保存指定 rstan_options(auto_write = TRUE) [318]
- 計算の並列化 options(mc.cores=parallel::detectCores()) [318]

【グラフィックス】
標準グラフ　plot( )　[92]
　－タイトル　main
　－X軸ラベル　xlab
　－Y軸ラベル　ylab
ggfortifyによるグラフ　autoplot( )
　・原系列の図示　[93]
　・自己相関の図示　[102]
　・相互相関の図示　[150]
　・ARIMAモデルの予測結果の図示
　　　[111,265]
　・VARモデルの予測結果の図示　[155]
　・多変量時系列の図示　[167]
　・dlmの図示　[237]
　・季節調整の結果の図示　[276]
ggplot2によるグラフ
　・線形回帰の結果の図示　[122]
　・KFASの図示　[246,261]
　・信頼区間があるKFASの図示
　　　[249,264,269,277,278]
　・X軸を日付にする　[277]
　・ヒストグラムの描画　[315]
　・Stanの結果の図示　[317,328,339]
原系列・コレログラムの一括図示
　　　forecast::ggtsdisplay( )[96]
季節ごとのグラフ
　　　forecast::ggsubseriesplot( )
　　　[99]
ARIMAモデルの残差の図示
　　　forecast::checkresiduals( )
　　　[109]
グラフを並べる
　　　gridExtra::grid.arrange( )
　　　[123,168,174]
インパルス応答関数の図示　plot(irf( ))
　　　[158]
分散分解の図示　plot(fevd( ))　[159]
Stan 実行結果のトレースプロット
　　　traceplot( )　[311]

【モデルの評価】
ナイーブ予測
　・平均値使用
　　　forecast::meanf( )　[113]
　・直近値使用
　　　forecast::rwf( )　[113]
RMSEの計算
　　　forecast::accuracy( )　[114,265]

【各種検定手法】
KPSS検定　urca::ur.kpss( )　[94]
ADF検定　urca::ur.df( )　[131]
PO検定　urca::ca.po( )　[142]
Ljung-Box検定
　　　forecast::checkresiduals( )
　　　[109,172]
Jarque-Bera検定
　　　tseries::jarque.bera.test( )
　　　[110,172]
Durbin-Watson検定　lmtest::dwtest( )
　　　[127]

【シミュレーション】
乱数の種　set.seed( )　[119]
正規乱数の生成　rnorm( )　[119]
ランダムウォーク系列の作成
　　　cumsum(rnorm( ))　[121, 139]
ARIMA過程に従う乱数の生成
　　　arima.sim( )　[124]
ARMA-GARCH過程に従う乱数の生成
　・パラメタの設定
　　　fGarch::garchSpec( )　[166]
　・乱数の生成
　　　fGarch::garchSim( )　[166, 171]

索引

【英数】
ADF 検定　[65,131]
AIC　[61]
ARCH モデル　[161]
ARIMAX モデル　[57]
ARIMA モデル　[38,52]
　　－自動次数決定アルゴリズム[67]
ARMA モデル　[37,51]
AR モデル　[42]
Box-Jenkins 法　[33]
DGP ⇒ データ生成過程
Durbin-Watson 検定　[125]
EAP 推定量　[291]
FGLS⇒実行可能一般化最小二乗法
GARCH モデル　[163,169]
GJR モデル　[165,175]
GLS⇒一般化最小二乗法
Granger 因果性検定　[146,156]
HMC 法　[283,298]
iid 系列　[30]
Jarque-Bera 検定　[69,110,172]
KPSS 検定　[64,94]
Ljung-Box 検定　[68,109,172]
MA モデル　[45]
MCMC　[300]
PO 検定　[142]
Prais-Winsten 法　[134]
R　[72]
RMSE　[63]
SARIMA モデル　[54]
Stan　[301]
SUR　[145]
VAR モデル　[144,151]

【ア行】
赤池の情報量規準　⇒AIC
当てはめ　[62]
一般化最小二乗法　[132]
インパルス応答関数　[147,158]

【カ行】
外因性　[24,57,202]
確率過程　[20]
確率的トレンド　[31,200]
カルマンフィルタ　[188,204,224,283]
季節性　⇒周期性
期待値　[27]
ギブスサンプラー　[300]
基本構造時系列モデル　[201,274]
共和分　[138]
共和分検定　[141]
訓練データ　[70]
　　⇔テストデータ　[70]
原系列　[37]
コレログラム　[23,46,101]

【サ行】
最尤法　[61,189,219,229]
差分系列　[37,97]
散漫カルマンフィルタ　[188,209,237]
時系列データ
　　－定義　[18]
　　－構造　[23]
　　－データの変換　[35]
時系列モデル　[21]
自己回帰モデル ⇒ AR モデル
自己回帰移動平均モデル ⇒ ARMA モデル
自己回帰和分移動平均モデル ⇒ ARIMA モデル
自己共分散　[27]
自己相関　[23,101]
事後分布　[288]
事前分布　[288]
実行可能一般化最小二乗法　[133]
時点　[19]
時変係数モデル　[202,268]
弱情報事前分布　[333,335]
周期性　[23,54,200,271]
条件付確率分布　[43,288]
条件付期待値　[43,195]
状態空間モデル　[179,187,281]
推定　[59]
線形ガウス状態空間モデル　[187]

【タ行】
対数差分系列　[39,99]
対数尤度　[61,220,234]
単位根検定　[63,94,131,149]
単位根　[37]
直行化かく乱項　[147]
定常過程　[35]
データ生成過程　[20]
テストデータ　[70]
　　⇔訓練データ　[70]
同定　[59]
独立で同一の分布　⇒iid 系列
トランザクションデータ　[19]
トレンド　[24,254]
　　・確率的トレンド　[31,200]
トレンドモデル　[199]

【ナ行】
ナイーブ予測　[70,113]

【ハ行】
ハミルトニアンモンテカルロ法　⇒HMC 法
反転可能性　[50]
非定常過程　[37]
分散　[27]
分散分解　[159]
平滑化　[189,214,231]
ベイズ更新　[286]
ベイズ推論　[284]
ベイズの定理　[287]
偏自己相関　[28,102]
ホワイトノイズ　[25,30,41]
本源的なかく乱項　[51]

【マ行】
見せかけの回帰　[118]
密度効果　[330]
無情報事前分布　[292]
メトロポリス法　[296]
モデル選択　[60]

【ヤ行】
尤度　[61,190]
予測　[43,62]

【ラ行】
ラグ演算子　[55]
ランダムウォーク　[31,41,120]
ローカル線形トレンドモデル　[196,258]
ローカルレベルモデル　[193,242]
ロジスティック増殖曲線　[332]

【ワ】
和分過程　[37]

● 著者略歴

馬場 真哉 (ばば しんや)

1990年　兵庫県神戸市生まれ。
2014年　北海道大学水産科学院修了。
Logics of Blue（https://logics-of-blue.com/）というWebサイトの管理人。
著書『平均・分散から始める 一般化線形モデル入門』（プレアデス出版）他。

時系列分析と状態空間モデルの基礎
RとStanで学ぶ理論と実装

2018年3月1日　第1版第1刷発行
2024年1月25日　第1版第8刷発行

著　者　馬場　真哉

発行者　麻畑　仁

発行所　㈲プレアデス出版
〒399-8301　長野県安曇野市穂高有明7345-187
TEL 0263-31-5023　FAX 0263-31-5024
http://www.pleiades-publishing.co.jp

装　丁　松岡　徹
印刷所　亜細亜印刷株式会社
製本所　株式会社渋谷文泉閣

落丁・乱丁本はお取り替えいたします。定価はカバーに表示してあります。
ISBN978-4-903814-87-2　C3041　　Printed in Japan